SUMMARY OF THE SECOND NATIONAL
CENSUS OF POLLUTION SOURCES

第二次
全国污染源普查
工作总结

生态环境部第二次全国污染源普查工作办公室－编

中国环境出版集团 • 北京

图书在版编目（CIP）数据

第二次全国污染源普查工作总结/生态环境部第二次全国污染源普查工作办公室编. —北京：中国环境出版集团，2022.11

ISBN 978-7-5111-5143-8

Ⅰ. ①第… Ⅱ. ①生… Ⅲ. ①污染源调查—工作总结—中国 Ⅳ. ①X508.2

中国版本图书馆 CIP 数据核字（2022）第 072139 号

出 版 人　武德凯
责任编辑　曲　婷
责任校对　薄军霞
封面设计　王春声

出版发行　中国环境出版集团
（100062　北京市东城区广渠门内大街 16 号）
网　　址：http://www.cesp.com.cn
电子邮箱：bjgl@cesp.com.cn
联系电话：010-67112765（编辑管理部）
发行热线：010-67125803，010-67113405（传真）

印　　刷　北京中科印刷有限公司
经　　销　各地新华书店
版　　次　2022 年 11 月第 1 版
印　　次　2022 年 11 月第 1 次印刷
开　　本　880×1230　1/16
印　　张　5
字　　数　120 千字
定　　价　40.00 元

第二次全国污染源普查资料

编纂委员会

主任委员

孙金龙　黄润秋

副主任委员

库热西·买合苏提　翟　青　赵英民　刘　华　庄国泰　张　波

委　　员

田为勇　刘长根　徐必久　别　涛　叶　民　邹首民　崔书红
柯　昶　刘炳江　李　高　苏克敬　邱启文　郭承站　汤　搏
江　光　刘志全　柏仇勇　曹立平　郭　敬　刘友宾　宋铁栋
王志斌　洪亚雄　赵群英

第二次全国污染源普查资料

编写人员

主　编

赵英民

副主编

洪亚雄　刘舒生　景立新

编　委（按姓氏笔画排序）

王　强　王夏娇　王赫婧　毛玉如　邢　瑜　朱　琦　刘晨峰
李雪迎　杨庆榜　吴　琼　汪志锋　汪震宇　沈　忱　张　震
陈敏敏　周潇云　郑国峰　赵学涛　柳王荣　谢明辉

国务院第二次全国污染源普查领导小组人员名单

国发〔2016〕59号文，2016年10月20日

组　长

张高丽　国务院副总理

副组长

陈吉宁　环境保护部部长
宁吉喆　国家统计局局长
丁向阳　国务院副秘书长

成　员

郭卫民　国务院新闻办副主任
张　勇　国家发展改革委副主任
辛国斌　工业和信息化部副部长
黄　明　公安部副部长
刘　昆　财政部副部长
汪　民　国土资源部副部长
翟　青　环境保护部副部长
倪　虹　住房城乡建设部副部长
戴东昌　交通运输部副部长
陆桂华　水利部副部长
张桃林　农业部副部长
孙瑞标　税务总局副局长
刘玉亭　工商总局副局长
田世宏　质检总局党组成员、国家标准委主任
钱毅平　中央军委后勤保障部副部长

★领导小组办公室主任由环境保护部副部长翟青兼任

国务院第二次全国污染源普查领导小组人员名单

国办函〔2018〕74 号文，2018 年 11 月 5 日

组　长

韩　正　国务院副总理

副组长

丁学东　国务院副秘书长
李干杰　生态环境部部长
宁吉喆　统计局局长

成　员

郭卫民　中央宣传部部务会议成员、新闻办副主任
张　勇　发展改革委副主任
辛国斌　工业和信息化部副部长
杜航伟　公安部副部长
刘　伟　财政部副部长
王春峰　自然资源部党组成员
赵英民　生态环境部副部长
倪　虹　住房城乡建设部副部长
戴东昌　交通运输部副部长
魏山忠　水利部副部长
张桃林　农业农村部副部长
孙瑞标　税务总局副局长
马正其　市场监管总局副局长
钱毅平　中央军委后勤保障部副部长

* 领导小组办公室设在生态环境部，办公室主任由生态环境部副部长赵英民兼任

第二次全国污染源普查

工作办公室人员

主　任　洪亚雄

副主任　刘舒生　景立新

综合（农业）组　毛玉如　汪志锋　赵兴征　刘晨峰　王夏娇
柳王荣　沈　忱　周潇云　罗建波

督办组　谢明辉　李雪迎

技术组　赵学涛　朱　琦　王　强　张　震　陈敏敏　王赫婧
郑国峰　吴　琼　邢　瑜

宣传组　汪震宇　杨庆榜

此外，于飞、张山岭、王振刚、崔积山、王利强、范育鹏、孙嘉绩、王俊能、谷萍同志也参加了普查工作。

序 言

掌握生态环境保护底数
助力打赢污染防治攻坚战

第二次全国污染源普查是中国特色社会主义进入新时代的一次重大国情调查，是在决胜全面建成小康社会关键阶段、坚决打赢打好污染防治攻坚战的大背景下实施的一项系统工程，是为全面摸清建设“美丽中国”生态环境底数、加快补齐生态环境短板采取的一项重大举措。在以习近平同志为核心的党中央坚强领导下，按照国务院和国务院第二次全国污染源普查领导小组的部署，各地区、各部门和各级普查机构深入贯彻习近平新时代中国特色社会主义思想和习近平生态文明思想，精心组织、奋力作为，广大普查人员无私奉献、辛勤付出，广大普查对象积极支持、大力配合，第二次全国污染源普查取得重大成果，达到了“治污先治本、治本先清源”的目的，为依法治污、科学治污、精准治污和制定决策规划提供了真实可靠的数据基础，集中反映了十年来中国经济社会健康稳步发展和生态环境保护不断深化优化的新成就，昭示着生态文明建设迈向高质量发展的新图景。

一、第二次全国污染源普查高质量完成

第二次全国污染源普查对象为中华人民共和国境内有污染源的单位和个体经营户，范围包括：工业污染源，农业污染源，生活污染源，集中式污染治理设施，移动源及其他产生、排放污染物的设施。普查标准时点为 2017 年 12 月 31 日，时期资料为 2017 年度。这次污染源普查历时 3 年时间，经过前期准备、全面调查和总结发布三个阶段，对全国 357.97 万个产业活动单位和个体经营户进行入户调查和产排污核算工作，摸清了全国各类污染源数量、结构和分布情况，掌握了各类污染物产生、排放和处理情况，建立了重点污染源档案和污染源信息数据库，高标准、高质量完成了既定的目标任务。这次污染源普查的主要特点有：

党中央、国务院高度重视，凝聚工作合力。张高丽、韩正副总理先后担任国务院第二次全国污染源普查领导小组组长，领导小组办公室设在生态环境部。按照“全国统一领导、部门分工协作、地方分级负责、各方共同参与”的原则，县以上各级政府和相关部门组建了普查机构。各级生态环境部门重视普查工作中党的建设，着力打造一支生态环境保护铁军，做到组织到位、人员到位、措施到位、经费到位，为普查顺利实施提供了有力保障。全国（不含港、澳、台）共成立普查机构 9321 个，投入普查经费 90 亿元，动员 50 万人参与，确保了普查顺利实施。

科学设计，普查方案执行有力。依据相关法律法规，加强顶层设计，制定《第二次全国污染源普查方案》，提高普查的科学性和规范性。坚持目标引领、问题导向，经过 12 个省（区、市）普查综合试点、10 个省（区、市）普查专项试点检验，完善涵盖工业源 41 个行业大类的污染源产排污核算方法体系。采取“地毯式”全面清查和全面入户调查相结合的方式，了解掌握“污染源在哪里、排什么、如何排和排多少”四个关键问题，全面摸清生态环境底数。31 个省（区、市）和新疆生产建设兵团以“钉钉子”精神推进污染源普查工作“全国一盘棋”。

运用现代信息技术，推动实践创新。积极推进政务信息大数据共享应用，有效减轻调查对象负担和普查成本。共有 17 个部门作为国务院第二次全国污染源普查领导小组成员单位和联络员单位参与普查，累计提供行政记录和业务资料近 1 亿条，通过比对、合并形成普查清查底册和污染源基本单位名录。首次运用全国环保云资源，建立完善联网直报系统。全面采用电子化手段进行普查小区划分和空间信息采集，使用手持移动终端（PDA）采集和传输数据，提高普查效率。

聚焦数据质量，强化全过程控制。严格“真实、准确、全面”要求，建立细化的数据质量标准，完善数据质量溯源机制，严格普查质量管理和工作纪律。组建普查专家咨询和技术支持团队，开展分类指导和专项督办，引入 4692 个第三方机构参与普查工作，发挥公众监督作用，推动普查公正透明。国务院第二次全国污染源普查领导小组办公室先后对普查各个阶段组织开展工作督导，对全国 31 个省（区、市）和新疆生产建设兵团普查调研指导全覆盖、质量核查全覆盖，确保普查数据质量。

广泛开展宣传培训，营造良好社会氛围。加强普查新闻宣传矩阵平台建设，采取通俗易懂、喜闻乐见的形式，推进普查宣传进基层、进乡镇、进社区、进企业，推广工作中的好经验好方法，营造全社会关注、支持和参与普查的舆论氛围。创新培训方式，统一培训与分级培训相结合，现场培训与网络远程培训相结合，理论传授与案例讲解相结合，由国家负责省级和试点地区、省级负责地市和区县，全方位提高各级普查人员工作能力和技术水平。专题为新疆、西藏等西部地区培训普查业务骨干，深化对口援疆、援藏、援青工作。总的看，第二次全国污染源普查为生态环境保护做了一次高质量“体检”，获得了极其宝贵的海量数据，为加强生态文明建设、推动经济社会高质量发展、推进生态环境领域国家治理体系和治理能力现代化提供了丰富详实的数据支撑。

二、十年来我国生态环境保护取得重大成就

对比第二次全国污染源普查与第一次全国污染源普查结果，可以发现，十年来特别是党的十八大以来，我国在经济规模、结构调整、产业升级、创新动力、区域协调、环境治理等方面呈现诸多积极变化，高质量发展迈出了稳健步伐，生态文明建设取得积极成效，生态环境质量显著改善。

十年来，我国经济社会发展状况以及生态环境保护领域重大改革措施取得重大成果。从十年间两次普查的变化来看：2017 年，化学需氧量、二氧化硫、氮氧化物等污染物排放量较 2007 年分别下降 46%、72%、34%。工业企业废水处理、脱硫和除尘等设施数量，分别是 2007 年的 2.35 倍、3.27 倍和 5.02 倍。城镇污水处理厂数量增加 5.4 倍，设计处理能力增加 1.7 倍，实际污水处理量增加 3 倍；城镇生活污水化学需氧量去除率由 2007 年的 28% 提高至 2017 年的 67%。生活垃圾处置厂数量增加 86%，其中垃圾焚烧厂数量增加 303%，焚烧处理量增加 577%，焚烧处理量比例由 8% 提高到 27%。危险废物集中利用处置厂数量增加 8.22 倍，设计处理能力增加 4279 万吨 / 年，提高 10.4 倍，集中处置利用量增加 1467 万吨，提高 12.5 倍。这些变化充分体现了生态文明建设战略实施的成就。

十年来，我国经济结构优化升级、协调发展取得新进展。我国正处在转变发展方式、优化经济结构、转换增长动能的攻关期。两次普查数据相比，十年间，工业结构持续改善，制造业转型升级表现突出。工业源普查对象涵盖国民经济行业分类 41 个工业大类行业产业活动单位，数量由 157.55 万个增加到 247.74 万个，增加 90.19 万个，增幅达 57.24%。重点行业生产规模集中，造纸制浆、皮革鞣制、铜铅锌冶炼、炼铁炼钢、水泥制造、炼焦行业的普查对象数量分别减少 24%、36%、51%、50%、37% 和 62%，产品产量分别增加 61%、7%、89%、50%、71% 和 30%。农业源普查对象中，畜禽规模程度明显提高，养殖结构得到优化，生猪规模养殖场（500 头及以上）养殖量占比由 22% 上升为 41%。同时，生猪规模养殖场采用干清粪方式养殖量占比从 55% 提高到 81%。这些深刻反映了我国经济结构的重大变化，表明重点行业产业集中度提高，产业优化升级、淘汰落后产能、严格环境准入等结构调整政策取得积极成效。重点行

业产业结构调整既获得了规模效益和经济效益，同时取得了好的环境成效。

十年来，我国工业企业节能减排成效显著。两次普查相比，在工业源方面，废气、废水污染治理快速发展，治理水平大幅提升。2017 年废水治理设施套数比 2007 年提高了 135.47%，废水治理能力提高了 26.88%。脱硫设施数和除尘设施数分别提高了 226.88%、401.72%。十年间，总量控制重点关注行业排放量占比明显下降，化学需氧量、氨氮、二氧化硫、氮氧化物等四项主要污染物排放量分别下降 83.89%、77.56%、75.05%、45.65%。电力、热力生产和供应业二氧化硫、氮氧化物，造纸和纸制品业化学需氧量分别下降 86.54%、76.93%、84.44%。铜铅锌冶炼行业二氧化硫减少 78%。炼铁炼钢行业二氧化硫减少 54%。水泥制造行业氮氧化物减少 23%。表明全国各领域生态环境基础设施建设的均等化水平提升，污染治理能力大幅提高，污染治理效果显著。

另外，普查结果也显示当前生态环境保护工作仍然存在薄弱环节，全国污染物排放量总体处于较高水平。第二次全国污染源普查数据为下一步精准施策、科学治污奠定了坚实基础。

三、贯彻落实新发展理念　推动生态环境质量持续改善

习近平总书记强调，小康全面不全面，生态环境很关键。普查结果显示，在党中央、国务院的坚强领导下，经济高质量发展和生态环境高水平保护协同推动，依法治污、科学治污、精准治污方向不变、力度不减，扎实推进蓝天、碧水、净土保卫战，污染防治攻坚战取得关键进展，生态环境质量持续明显改善。从普查数据中也发现，当前污染防治攻坚战面临的困难、问题和挑战还很大，形势仍然严峻，不容乐观。我们既要看到发展的有利条件，也要清醒认识到内外挑战相互交织、生态文明建设“三期叠加”影响持续深化、经济下行压力加大的复杂形势。要以习近平新时代中国特色社会主义思想为指导，紧紧围绕统筹推进“五位一体”总体布局和协调推进“四个全面”战略布局，紧密围绕污染防治攻坚战阶段性目标任务，持续改善生态环境质量，构建生态环境治理体系，为推动生态环境根本好转、建设生态文明和美丽中国、开启全面建设社会主义现代化国家新征程奠定坚实基础。

深入贯彻落实新发展理念。深入贯彻落实习近平生态文明思想，增强各方面践行新发展理念的思想自觉、政治自觉、行动自觉。充分发挥生态环境保护的引导、优化和促进作用，支持服务重大国家战略实施。落实生态环境监管服务、推动经济高质量发展、支持服务民营企业绿色发展各项举措，继续推进“放管服”改革，主动加强环境治理服务，推动环保产业发展。

坚定不移推进污染治理。用好第二次全国污染源普查成果，推进数据开放共享，以改善生态环境质量为核心，制定国民经济和社会发展“十四五”规划和重大发展战略。全面完成《打赢蓝天保卫战三年行动计划》目标任务，狠抓重点区域秋冬季大气污染综合治理攻坚，积极稳妥推进北方地区清洁取暖，持续整治“散乱污”企业，深入推进柴油货车污染治理，继续实施重污染天气应急减排按企业环保绩效分级管控。深入实施《水污染防治行动计划》，巩固饮用水水源地环境整治成效，持续开展城市黑臭水体整治，加强入海入河排污口治理，推进农村环境综合整治。全面实施《土壤污染防治行动计划》，推进农用地污染综合整治，强化建设用地土壤污染风险管控和修复，组织开展危险废物专项排查整治，深入推进“无废城市”建设试点，基本实现固体废物零进口。

加强生态系统保护和修复。协调推进生态保护红线评估优化和勘界定标。对各地排查违法违规挤占生态空间、破坏自然遗迹等行为情况进行检查。持续开展“绿盾”自然保护地强化监督。全力推动《生物多样性公约》第十五次缔约方大会圆满成功。开展国家生态文明建设示范市县和“绿水青山就是金山银山”实践创新基地评选工作。

着力构建生态环境治理体系。推动落实关于构建现代环境治理体系的指导意见、中央和国家机关有关部门生态环境保护责任清单。基本建立生态环境保护综合行政执法体制。构建以排污许可制为核心的固定污染源监管制度体系。健全生态环境监测和评价制度、生态环境损害赔偿制度。夯实生态环境科技支撑。强化生态环境保护宣传引导。加强国际交流和履约能力建设。妥善应对突发环境事件。

加强生态环境保护督察帮扶指导。持续开展中央生态环境保护督察。持续开展蓝天保卫战重点区域强化监督定点帮扶，聚焦污染防治攻坚战其他重点领域，开展统筹强化监督工作。精准分析影响生态环境质量的突出问题，分流域区域、分行业企业对症下药，实施精细化管理。充分发挥国家生态环境科技成果转化综合平台作用，切实提高环境治理措施的系统性、针对性、有效性。坚持依法行政、依法推进，规范自由裁量权，严格禁止“一刀切”，避免处置措施简单粗暴。

充分发挥党建引领作用。牢固树立“抓好党建是本职、不抓党建是失职、抓不好党建是渎职”的管党治党意识，始终把党的政治建设摆在首位，巩固深化“不忘初心、牢记使命”主题教育成果，着力解决形式主义突出问题，严格落实中央八项规定及其实施细则精神，进一步发挥巡视利剑作用，一体推进不敢腐、不能腐、不想腐，营造风清气正的政治生态，加快打造生态环境保护铁军。

编制说明

党的十九大以来，我国经济发展进入新时代，党中央、国务院明确提出以高质量发展绘就新时代的美好蓝图。虽然我国经济总量和增量保持持续上升，但污染物产生量和排放量依然处于高位，带来的环境压力依然十分巨大，生态环境保护工作正处于补齐短板的关键期。定期开展全国污染源普查，是《全国污染源普查条例》的法定要求。为全面贯彻落实习近平生态文明思想，打好污染防治攻坚战，党中央、国务院决定于 2017 年开展第二次全国污染源普查。

第二次全国污染源普查是在全面建成小康社会决胜阶段、坚决打好污染防治攻坚战的大背景下实施的一项系统工程，是为全面摸清建设"美丽中国"生态环境底数采取的一项重大环境调查。第二次全国污染源普查掌握了各类污染源的数量、行业和地区分布情况，了解了主要污染物产生、排放和处理情况，建立健全了重点污染源档案和污染源信息数据库。

《第二次全国污染源普查工作总结》是对普查工作总体情况、实施过程、主要成果、工作特点等的高度凝练，共分为 6 个篇章。

第 1 篇普查工作总体情况，编制人员为毛玉如、沈忱、赵兴征等；第 2 篇主要工作，编制人员为汪志锋、谢明辉、李雪迎等；第 3 篇普查主要成果，编制人员为杨庆榜、赵学涛、刘晨峰、吴琼、郑国峰等；第 4 篇普查工作特点，编制人员为沈忱、张震、王赫婧、王强等；第 5 篇支撑决策，编制人员为柳王荣、朱琦、陈敏敏等；第 6 篇下一步工作计划，编制人员为王夏娇、周潇云、汪震宇、邢瑜等。全书由沈忱统稿，毛玉如、汪志锋校阅和审定。

值此付梓之际，向参加第二次全国污染源普查工作的所有单位和个人表示衷心的感谢。

目录

1

普查工作总体情况

2016 年 10 月，国务院印发《关于开展第二次全国污染源普查的通知》(以下简称《通知》)，成立了第二次全国污染源普查领导小组（以下简称普查领导小组），由国务院副总理任组长，国务院副秘书长、生态环境部部长、国家统计局局长任副组长，成员单位包括中央宣传部、国家发展改革委、工业和信息化部、公安部、财政部、自然资源部、生态环境部、住房城乡建设部、交通运输部、水利部、农业农村部、国家税务总局、市场监管总局、国家统计局、中央军委后勤保障部（机构改革后)。普查领导小组办公室设在生态环境部，牵头会同各有关部门组织开展全国污染源普查工作，普查的标准时点为 2017 年 12 月 31 日，时期资料为 2017 年度资料。全国 31 个省（区、市）和新疆生产建设兵团按照国务院《通知》要求，成立了由相关部门组成的普查领导小组及其办公室，全国各地市和区县均抽调精兵强将组建了普查工作办公室，部分地区还将普查机构下沉到了乡镇一级。

三年来，在普查领导小组的统一领导和部署下，在生态环境部领导的重视和关心下，在各有关部门领导的大力支持与配合下，各地区、各有关部门和各级普查机构认真贯彻国务院办公厅印发的《第二次全国污染源普查方案》(以下简称《普查方案》) 有关要求，按照“全国统一领导、部门分工协作、地方分级负责、各方共同参与”的原则，精心组织、严控质量，扎实推进污染源普查各项工作。广大普查人员辛勤工作，克服时间紧、任务重、难度大、要求高等困难，先后开展了普查前期准备、清查建库、普查试点、普查表入户填报、数据质量核查、数据审核汇总、普查成果总结等各项工作，顺利完成了《普查方案》规定任务，取得了丰硕成果。

各地区人民政府共成立普查机构 9 317 个，配备专、兼职人员 52 210 人，落实普查专项经费 90.36 亿元，选聘和培训了 38 万余名普查员和普查指导员，完成了 247.74 万个工业源、37.88 万个畜禽规模养殖场、63.95 万个生活源和 8.40 万个集中式污染治理设施的入户调查和排放量核算工作，获得了大量的污染源信息和翔实的普查数据。

此次普查，严格按照《普查方案》规定的对象、范围和内容，采用科学的普查调查方法和技术路线，执行严格的质量控制程序，保证了普查数据的真实性、准确性、全面性。一是详细掌握了各类污染源的数量、行业和地区分布情况，了解了主要污染物产生、排放和处理情况。这些信息和数据可以为我国污染源的科学监管奠定基础，为污染治理和产业结构调整提供依据，为国家经济社会发展和生态环境保护政策、规划的制定提供支撑；二是建立健全了重点污染源档案、污染源信息数据库，为重点污染源管理、污染源信息数据的开发利用创造了便利条件，为“十四五”环境统计平台建设奠定了基础；三是培养了大批生态环境保护铁军，提高了广大民众生态环境保护的意识。普查工作圆满达到了《普查方案》预期的工作目标。

2

主要工作

2.1 普查组织

根据国务院印发的《通知》要求，各地区、各部门按照“全国统一领导、部门分工协作、地方分级负责、各方共同参与”的原则组织实施污染源普查。

国务院成立了普查领导小组及其办公室，负责领导和协调全国污染源普查工作。普查领导小组办公室设在原环境保护部（现生态环境部），负责普查日常工作，并会同有关成员单位按照职责分工协调落实各项具体任务。

各地县级以上人民政府成立了相应的普查领导小组及其办公室，按照普查领导小组统一规定和要求，组织本行政区域有关部门协同开展污染源普查工作，对普查工作中遇到的各种困难和问题，及时采取措施，切实予以解决。

各地乡（镇）人民政府、街道办事处和社区、村（居）民委员会等基层单位也积极参与到普查工作中，并认真做好本行政区域普查工作。

重点排污单位按照环境保护法律法规有关规定和污染控制标准要求开展监测，如实填报普查年度的监测结果。各类污染源普查调查对象和填报单位基本都指定了专人负责本单位污染源普查表填报工作。

在普查过程中，科研院所、高校、环保咨询机构等充分发挥了作用，社会公众积极参与普查，为普查工作提供了大量的技术和人力支持。

2.2 普查实施

普查实施包括前期准备、清查建库、普查试点、全面普查、总结发布五个阶段。

2016 年第四季度至 2017 年年底为普查前期准备阶段，重点是编制印发《普查方案》，组织开展普查经费申报，编制普查制度、技术规定和工作细则，开展信息化建设，启动普查清查建库和普查试点，做好普查前期宣传和有关培训。

2018 年为全面普查阶段，重点是做好清查建库、普查试点、入户调查、质量核查等工作，明确调查对象和技术方案，制定产排污系数，确定核算方法，进一步加强普查宣传和技术培训。

2019 年至 2020 年上半年为总结发布阶段，重点是做好排放量核算、质量核查、普查数据审核汇总、普查成果总结分析，完成档案整理和验收表扬等工作。

2.2.1 前期准备

前期准备阶段主要任务包括：成立机构，落实经费渠道；编制印发《普查方案》，制定普查制度、技术规定和工作细则，建立污染物排放核算方法，完成普查信息系统开发与建设以及其他技术准备工作；开展普查宣传与培训工作。

2.2.1.1 机构成立情况

2016 年 10 月，国务院成立了普查领导小组，时任国务院副总理张高丽担任组长，成员单位为 16 个相关部门（含副组长单位），普查领导小组办公室设在环境保护部。机构改革后，2018 年 11 月，国务院办公厅印发《关于调整国务院第二次全国污染源普查领导小组组成人员的通知》（国办函〔2018〕74 号），由韩正副总理担任普查领导小组组长，成员单位为 15 个相关部门（含副组长单位），普查领导小组办公室设在生态环境部，具体负责全国污染源普查工作的组织实施。

2017 年 2 月，环境保护部选调 28 名业务骨干成立了环境保护部第二次全国污染源普查工作办公室（以下简称部普查办），作为普查领导小组及其办公室的工作机构，负责指导全国各地、各有关单位按照普查领导小组的统一部署组织开展普查工作。各省（区、市）和新疆生产建设兵团均成立了普查领导小组及其办公室，贯彻落实《普查方案》有关要求，负责本行政区域污染源普查工作的组织实施。据统计，全国共成立了省、市、县三级普查机构 9 317 个，包含普查领导小组成员单位 65 292 个；组织召开了普查领导小组会议 10 415 次，普查领导小组办公室会议 25 701 次，选调了普查专、兼职人员 52 210 人，均落实了办公场所（表 1）。

表 1 全国各地区普查机构基本情况汇总表

地区	成立普查机构数量/个	普查领导小组成员单位数量/个	召开普查领导小组会议次数/次	召开普查领导小组办公室会议次数/次	普查工作办公室人数/名		
					专职人员	兼职人员	合计
北京	18	727	140	627	171	4 004	4 175
天津	31	477	61	168	141	194	335
河北	286	3 427	662	1 609	1 213	1 858	3 071
山西	221	2 460	372	1 052	1 065	1 206	2 271
内蒙古	131	1 971	282	586	610	1 654	2 264
辽宁	202	306	403	1 113	750	1 501	2 245
吉林	170	1 629	207	396	528	827	1 355
黑龙江	241	2 444	323	931	681	1 035	1 716
上海	206	821	115	504	169	599	768
江苏	268	2 282	296	648	596	542	1 138
浙江	540	2 479	238	960	574	683	1 252
安徽	181	2 153	314	790	660	527	1 187
福建	360	1 896	286	909	567	508	1 075
江西	592	2 117	391	1 017	557	858	1 499
山东	400	3 799	819	1 778	1 543	806	2 349
河南	762	3 909	443	980	1 511	1 334	2 845
湖北	249	2 922	380	1 043	861	702	1 563

地区	成立普查机构数量/个	普查领导小组成员单位数量/个	召开普查领导小组会议次数/次	召开普查领导小组办公室会议次数/次	普查工作办公室人数/名		
					专职人员	兼职人员	合计
湖南	539	2 927	611	1 224	1 078	1 208	2 286
广东	314	4 359	729	1 594	1 515	1 179	2 694
广西	152	2 557	164	527	458	1 483	1 941
海南	34	610	67	123	129	80	209
重庆	543	1 061	153	913	413	498	911
四川	821	4 006	768	2 053	1 364	888	2 245
贵州	224	2 155	336	588	499	473	972
云南	303	2 118	376	474	625	1 129	1 754
西藏	111	1 380	153	184	242	219	411
陕西	793	2 447	351	1 150	1 519	1 868	3 387
甘肃	143	2 018	298	514	625	769	1 394
青海	93	675	192	207	323	492	815
宁夏	58	563	78	168	138	128	266
新疆	238	2 368	359	794	524	925	1 441
新疆生产建设兵团	93	229	48	77	135	241	376
合计	9 317	65 292	10 415	25 701	21 784	30 418	52 210

农业农村部高度重视农业污染源普查工作，专门成立了以张桃林副部长为组长的第二次全国农业污染源普查推进工作组（以下简称推进组），组织全国农业污染源普查工作。推进组办公室设在科技教育司，从农业生态与资源保护总站、中国农业科学院、中国水产科学研究院抽调专职人员，负责农业污染源普查的组织培训、数据汇总、报告编制等工作。各级地方农业农村部门成立了相应的农业污染源普查机构及其办公室，按照农业污染源普查方案的统一规定和要求，组织和协调本行政区组织开展农业污染源普查工作。中国石油天然气集团有限公司也专门组建了普查工作办公室，并落实专职人员和办公场所，组织开展本公司的污染源普查工作。

2.2.1.2 经费落实情况

本次普查工作经费，由中央财政和地方财政分别负担。中央财政负担的部分，由财政部按部门预算管理要求，列入相关部门的预算，主要用于全国普查工作综合管理（含文件制定、宣传培训、质量核查等），以及普查信息化系统开发建设、产排污系数研究制定等。地方财政负担部分，由同级地方财政根据工作需要统筹安排，主要用于地方普查工作的组织实施，包括“两员”聘用、清查建库、普查试点、入户调查、现场监测、数据录入校核等具体工作。全国普查工作经费总投入为 903 578.93 万元，其中中央财政投入 83 027.44 万元；省、市、县三级财政投入 820 551.49 万元（表 2）。中央财政方面：财政部共落实普查专项经费 83 027.44 万元，其中，生态环境部 57 329.41 万元，包括 2018 年 34 645.44 万元（含拨付地方的试点经费 2 450 万元）、2019 年 22 683.97 万元；农业农村部 25 698.03 万元，包括 2018 年 15 000 万元、2019 年 10 698.03 万元。地方财政方面：省级财政共落实经费 125 001.65 万元，其中生态环境部门 109 359.76 万元，农业农村部门 15 641.89 万元；市级财政共落实经费 192 610.22 万元，其中生态环境部门 180 760.43 万元，农业农村部门 11 849.79 万元；县级财政共落实经费 502 939.62 万元，其中生态环境部门 474 175.19 万元，农业农村部门 28 764.43 万元。

表 2　全国各地区普查经费情况汇总表

单位：万元

地区	省级财政			市级财政			县级财政			合计
	环保	农业	小计	环保	农业	小计	环保	农业	小计	
北京	6 035.00	266.42	6 301.42	21 143.39	508.20	21 651.59	—	—	—	27 953.02
天津	5 351.10	304.60	5 655.70	12 100.12	316.76	12 416.88	—	—	—	18 072.58
河北	3 797.00	0.00	3 797.00	7 189.63	318.96	7 508.59	27 500.95	998.53	28 499.48	39 805.07
山西	2 664.59	586.52	3 251.11	10 052.80	144.67	10 197.47	30 136.71	284.30	30 421.01	43 869.59
内蒙古	3 704.00	212.00	3 916.00	2 456.57	285.94	2 742.51	7 360.48	645.21	8 005.69	14 664.20
辽宁	1 210.00	148.90	1 358.90	5 724.51	548.76	6 273.28	12 282.08	923.36	13 205.44	20 837.62
吉林	3 342.14	1 046.04	4 388.18	3 216.57	638.26	3 854.83	5 076.47	1 573.34	6 649.81	14 892.82
黑龙江	1 104.18	433.38	1 537.56	2 686.75	30.43	2 717.18	6 826.83	141.68	6 968.51	11 223.25
上海	4 209.10	565.20	4 774.30	12 490.21	9.00	12 499.21	1 847.00	0.00	1 847.00	19 120.51
江苏	3 000.00	303.50	3 303.50	3 297.66	159.47	3 457.13	34 282.05	264.50	34 546.55	41 307.18
浙江	1 867.58	1 868.00	3 735.58	4 544.01	358.60	4 902.61	42 841.93	798.21	43 640.14	52 278.33
安徽	751.54	637.73	1 389.27	4 668.02	154.90	4 822.92	12 441.09	1 146.68	13 587.77	19 799.96
福建	2 734.54	304.01	3 038.55	3 029.85	125.00	3 154.85	16 468.54	724.74	17 193.28	23 386.68
江西	2 085.00	190.00	2 275.00	3 231.26	543.00	3 774.26	16 433.01	1 812.87	18 245.88	24 295.14
山东	2 800.00	217.98	3 017.98	6 438.26	12.00	6 450.26	29 218.86	816.45	30 035.31	39 503.55
河南	2 584.80	1 211.70	3 796.50	7 109.44	827.58	7 937.02	29 688.72	4 094.63	33 783.36	45 516.88
湖北	3 925.00	860.00	4 785.00	8 238.89	252.00	8 490.89	25 961.44	1 373.30	27 334.74	40 610.63
湖南	2 710.00	390.00	3 100.00	8 158.30	1 497.68	9 655.98	29 278.34	7 145.89	36 424.23	49 180.21
广东	4 556.82	1 085.55	5 642.37	14 252.89	706.19	14 959.08	45 978.92	1 926.02	47 904.95	68 506.40
广西	3 002.20	211.98	3 214.18	1 491.81	281.73	1 773.54	9 997.70	805.18	10 802.88	15 790.60
海南	1 859.10	800.00	2 659.10	2 504.20	210.00	2 714.20	2 195.27	538.76	2 734.03	8 107.33
重庆	5 178.00	579.94	5 757.94	14 089.66	1 254.73	15 344.39	—	—	—	21 102.33
四川	11 090.00	0.00	11 090.00	6 641.05	365.00	7 006.05	32 964.58	632.87	33 597.46	51 693.51
贵州	5 602.00	8.00	5 610.00	1 818.56	17.12	1 835.68	12 386.19	168.78	12 554.97	20 000.65
云南	7 135.40	2 411.61	9 547.01	2 309.10	565.95	2 875.05	8 787.53	746.17	9 533.70	21 955.76
西藏	855.60	182.00	1 037.60	2 343.69	0.00	2 343.69	5 124.00	0.00	5 124.00	8 505.29

地区	省级财政			市级财政			县级财政			合计
	环保	农业	小计	环保	农业	小计	环保	农业	小计	
陕西	3 850.00	90.00	3 940.00	4 883.10	215.00	5 098.10	10 848.75	900.30	11 749.05	20 787.15
甘肃	3 159.97	326.83	3 486.80	1 590.00	149.45	1 739.45	6 256.54	198.75	6 455.29	11 681.54
青海	3 292.00	400.00	3 692.00	666.53	5.00	671.53	2 906.64	28.50	2 935.14	7 298.67
宁夏	2 386.00	0.00	2 386.00	604.00	26.00	630.00	1 721.77	20.40	1 742.17	4 758.17
新疆	3 433.00	0.00	3 433.00	1 705.49	0.00	1 705.49	6 040.40	55.00	6 095.40	11 233.89
新疆生产建设兵团	84.10	0.00	84.10	84.10	1 322.40	1 406.50	1 322.40	0.00	1 322.40	2 813.00
合计	109 359.76	15 641.89	125 001.65	180 760.43	11 849.79	192 610.22	474 175.19	28 764.43	502 939.62	820 551.49

2.2.1.3 制度制定情况

根据《中华人民共和国统计法》《中华人民共和国统计法实施条例》《全国污染源普查条例》《通知》等有关文件，2017 年 9 月 21 日国务院办公厅正式印发《国务院办公厅关于印发第二次全国污染源普查方案的通知》（国办发〔2017〕82 号）（以下简称《普查方案》），为各级人民政府制定普查实施方案、组建普查机构、落实普查经费，各级普查机构制定和细化普查技术方案等工作提供了依据。2018 年 5 月，农业农村部正式印发《全国农业污染源普查方案》（农办科〔2018〕14 号）。2018 年 1 月，中国石油天然气集团有限公司印发了《中国石油天然气集团有限公司第二次污染源普查工作方案》，指导本公司开展污染源普查工作。依据国务院办公厅印发的《普查方案》，各地区人民政府结合实际，认真研究制定适合当地情况的普查实施方案。据统计，全国 31 个省（区、市）和新疆生产建设兵团一共印发了 225 个省级普查实施（工作）方案，1 317 个市级普查实施（工作）方案，5 722 个县级普查实施（工作）方案（表 3）。各方的普查实施（工作）方案都对普查的目标任务、技术路线、工作方法、部门分工、时间节点等重要内容提出了具体要求。部分省份还结合本区域特点和管理需求，新增了地方特色的普查内容，并研究提出了相应的普查技术路线和调查方法。例如，上海增加了对液散码头废气、工地与堆场扬尘等的登记调查；海南增加了对在用港口（码头）的登记调查、对水产养殖企业和养殖户相关情况抽查等。

表 3 全国各地区普查实施（工作）方案发布情况汇总表

单位：个

地区	省级发布方案数量	地市级发布方案数量	区县级发布方案数量
北京	2	17	—
天津	3	40	7
河北	7	31	303
山西	2	22	205
内蒙古	9	22	154

地区	省级发布方案数量	地市级发布方案数量	区县级发布方案数量
辽宁	3	31	152
吉林	19	40	99
黑龙江	16	38	205
上海	3	35	17
江苏	2	16	143
浙江	14	39	224
安徽	2	25	129
福建	9	30	135
江西	6	34	275
山东	3	50	273
河南	11	5	23
湖北	20	80	388
湖南	4	26	253
广东	8	96	435
广西	7	41	117
海南	11	5	23
重庆	9	166	—
四川	2	197	813
贵州	2	14	220
云南	6	28	265
西藏	0	14	57
陕西	8	29	242
甘肃	10	38	242
青海	5	13	49
宁夏	6	21	52
新疆	15	56	222
新疆生产建设兵团	1	18	—
合计	225	1 317	5 722

按照《通知》和《普查方案》有关要求，部普查办根据各阶段工作需求，牵头负责普查技术路线细化和有关技术规范制定工作，在有关部门和技术支持单位的大力支持下，编制出台了一系列综合管理文件和技术文件，全面指导和督促地方各级普查机构严格按照阶段目标和工作要求有序推进各项普查任务。2017—2019 年，普查领导小组一共编制印发了 42 份普查相关文件，包括综合管理类文件 21 份，技术性文件 19 份，问题通报 2 份。其中，《第二次全国污染源普查试点工作方案》明确了试点目标、范围和工作内容，标志着普查试点工作正式启动；《第二次全国污染源普查清查技术规定》明确了普查清查的原则要求和组织实施方式，为清查建库工作的顺利开展提供了技术指导；《第二次全国污染源普查制

度》《第二次全国污染源普查技术规定》的印发，指导了全国各地按照统一要求全面开展普查入户调查工作。

农业农村部根据《普查方案》要求，细化完善农业源普查有关技术规范，包括抽样调查技术规范、普查表设计与指标解释、监测采样技术规范、数据审核要点等内容；印发了《全国农业污染源普查质量控制技术文件汇编》，进一步加强农业源普查质量控制工作。各地普查机构结合当地实际，制定了更加细致的技术要求和实施细则，使国家要求与实际工作紧密结合，达到更好的实施效果。例如，山东省编制了《普查考核评估细则》，对前期准备、清查建库、入户准备、数据采集、数据审核、质量核查与数据汇总分析等工作，明确了详细的质量控制要求，为全面入户调查顺利进行提供了技术保障；上海市扩展了国家规定的普查范围，增加了本地特色的普查内容，制定了《关于印发上海市第二次全国污染源普查新增项目报表制度和技术规定的通知》（沪污普〔2018〕18 号），具体指导有关任务的开展和实施。

2.2.1.4 产排污系数制定情况

（1）工业源产排污系数制定

2018 年 6 月，中国环境科学研究院明确了系数制定的工作方案，7 月正式启动系数制定工作。依据任务范围，将《国民经济行业分类（2017）》中的 41 个工业大类行业划分为 49 个课题，按照编制完成的《第二次全国污染源普查工业污染源产污系数制定（不含挥发性有机物）技术指南》《第二次全国污染源普查工业污染源产排污量核算技术指南》《工业污染源产污系数及污染治理设施录入系统信息编码技术指南》《第二次全国污染源普查工业污染源产排污核算行业实施方案编制大纲》等技术文件，开展了实施方案编制、系数组合确定、系数编码等工作。采用分层抽样和随机抽样相结合的方式筛选样本企业，通过实地监测调研、文献调研、实验模拟等方式获取原始数据，按照技术指南核算和验证得到各行业系数。2018 年 12 月，经专家论证，最终完成《工业污染源产排污核算系数手册》初稿。2019 年 1—5 月，对系数使用和试核算过程中存在问题较多的行业进行了补充更新和修订，同时对和工业生产具有类似特征的农产品初加工行业（两个小类行业）的系数进行了增补。2019 年 8 月，全面完成了工业污染源排放量核算系数的制定。据统计，工业源系数目前包含了 41 个大类行业的 508 个工段、1 300 种产品、1 589 种原料、1 528 个工艺的 31 327 个废水和废气污染物的产污系数以及 101 587 种末端治理技术去除效率。

（2）农业源产排污系数制定

农业源划分为畜禽养殖业水污染物、种植业水污染物、水产养殖业污染物、地膜残留量、秸秆产生与利用量、畜禽养殖业氨、种植业氨等专题。通过开展产排污系数体系制定工作，8 个专题共计制定出各类产排污系数（流失系数）2 085 475 个。

畜禽养殖业水污染物产排污系数是在第一次全国污染源普查的基础上进行评估更新，分省给出五类畜禽产排污系数 320 组，共 2 668 个系数，新增养殖户的产排污系数 1 240 个，合计 3 908 个系数。

种植业水污染物专题分省给出地表径流模式下氨氮、总氮、总磷流失系数共计 186 个。水产养殖业分省给出 9 种典型养殖模式下 186 个养殖类型的产排污系数 2 407 组，共计 19 256 个系数。地膜专题分省分地市给出 18 种作物类型共计 3 534 个系数。

本次普查新增秸秆产生与利用量调查，分省分地市给出 13 种主要作物秸秆收集与残留系数，共计 5 368 个；新增畜禽养殖业氨气排放量调查，分省分区县给出畜禽规模养殖场、养殖户各类治污设施下氨排放系数共计 1 907 275 个；新增种植业氨排放量调查，分省分区县给出 11 种主要作物的氨排放系数 36 487 个；新增种植业挥发性有机物排放量调查，分省分区县给出 33 种典型种植类型的挥发性有机物排放系数 109 461 个。

（3）生活源产排污系数制定

2018 年 4 月，明确了生活源产排污系数制定的工作方案，6 月正式启动生活源产排污系数制定工作。按照城镇生活源和农村生活源水污染物系数，全国划分了 6 个区域（片区），并按每项系数的产排污特征细分为不同行政区类型。全国各地共计布设了 1 984 个监测（观测）点，获得系数制定样本 62 457 个（含统计数据），采用抽样调查、现场监测、统计数据分析等相结合的方法制定生活源产排污系数。

2019 年 3 月，制定了生活源产排污系数初稿，经补充监测、专家论证、试核算、修改核实、对比分析等工作；8 月全面完成了生活源产排污系数的制定。据统计，共制定了 54 335 个生活源产排污系数（含各污染物指标），其中城镇生活源水污染物产排污系数 528 个，农村生活源水污染物产排污系数 390 个，城乡居民能源消费产排污系数 64 个，油品储运销污染物产排污系数 53 340 个，其他挥发性有机物产排污系数 13 个。

油品储运销污染源挥发性有机物系数中，未采取油气控制措施时的汽油挥发性有机物排放系数参考美国 EPA AP-42 中的计算方法。油气回收效率则通过城市调研和现场检测的方式获得。原油挥发性有机物排放系数采用了原环境保护部发布的《大气挥发性有机物源排放清单编制技术指南（试行）》中的排放系数；柴油挥发性有机物排放系数主要参考清华大学编制的《城市大气污染物排放清单编制技术手册》。

（4）集中式污染治理设施产排污系数制定

集中式污染治理设施产排污系数按照设施类型分为如下五类，分别进行产排污系数制定。

生活与工业污/废水处理设施产排污浓度参考值：2018 年 8 月明确了浓度参考值制定的工作方案，9 月正式启动浓度参考值制定工作。其中，生活污水与其他类型的治污设施，在全国按市级行政区划代码，一共划分了 364 个城市（片区）；工业废水集中式污水处理设施按省级行政区划代码一共划分了 31 个省（区、市）和新疆生产建设兵团。收集了 2017 年全国 7 536 家集中式污水处理设施的环境统计数据（含 88.9 万余条基础信息），开展缺失数据校核方案研究，辅以现场调查，制定出生活与工业污/废水处理设施产排污浓度参考值。2019 年 1 月，制定了生活与工业污/废水处理设施产排污浓度参考值初稿，经补充监测、专家论证、试核算、修改核实、软件核算等工作。2019 年 3 月，全面完成了生活与工业污/废水处理设施产排污浓度参考值的制定。据统计，共制定了 5 544 个生活与工业污/废水处理设施产污浓度参考值，其中城镇污水处理厂水污染物产污浓度参考值 5 096 个，工业集中式污水处理设施水污染物产污浓度参考值 896 个。

农村污水处理设施水污染物削减系数：2018 年 8 月明确了系数制定的工作方案，9 月正式启动系数制定工作。在全国共划分了 6 个区域（片区），按照厌氧、生态、好氧、厌氧+生态、好氧+生态、厌氧+好氧、厌氧+好氧+生态共 7 种模式，采用文献调研、抽样调查、现场监测等相结合的方法制定农村集中式污水处理设施削减系数。2019 年 1 月，制定了农村集中式污水处理设施削减系数初稿，经补充监测、专家论证、试核算、修改核实等工作。2019 年 3 月，全面完成了农村集中式污水处理设施削减系数的制定工作。据统计，共制定了 252 个农村集中式污水处理设施削减系数，其中每个片区对应 7 种工艺，每种工艺对应化学需氧量、生化需氧量、总氮、氨氮、总磷、动植物油 6 个削减系数。

生活垃圾填埋场水污染核算系数：2018 年 8 月明确了系数制定的工作方案，9 月正式启动系数制定工作。在全国一共划分了 4 个区域（干旱半干旱区、半湿润区、湿润 I 区和湿润 II 区），收集了 133 个监测（观测）点数据，按照卫生场和简易场两种模式，采用统计分析、实例验证等相结合的方法制定生活垃圾填埋场产排污系数。据统计，共制定了 1 181 个生活垃圾填埋场产污系数，其中渗滤液产生量渗出系数 1 089 个，卫生场产污浓度系数 44 个，简易场产污浓度系数 48 个；制定了 81 个排污浓度系数，其中卫生场排污浓度系数 33 个，简易场排污浓度系数 48 个。

生活垃圾焚烧处理设施产排污系数：2018 年 8 月明确了浓度参考值制定的工作方案，9 月正式启动浓度参考值制定工作。生活垃圾焚烧处理设施在全国按照不同气候条件分为 4 个区域，采用数据收集、现场调查相结合的方式，收集了全国生活垃圾集中式处理设施各类产排污数据 668 个，开展数据校核，研究制定生活垃圾焚烧处理设施产排污系数值。2019 年 1 月，制定了生活垃圾焚烧处理设施产排污系数值初稿，经专家论证、试核算、修改核实、软件核算后；3 月，全面完成了生活垃圾焚烧处理设施产排污系数值的制定工作。据统计，产排污系数值共制定了 237 个生活垃圾焚烧处理设施产排污系数，其中生活垃圾焚烧处理设施烟气流量参考值 5 个，生活垃圾焚烧处理设施烟气污染物排污系数 32 个，生活垃圾焚烧处理设施渗滤液产排污系数 200 个。

生活垃圾堆肥与餐厨垃圾处理厂产排污系数：2018 年 8 月明确了浓度参考值制定的工作方案，9 月正式启动浓度参考值制定工作。收集了 66 个监测（观测）点数据，进行了 5 个监测点位的实测，验证数据 26 个，采用统计分析、实例验证等相结合的方法制定生活垃圾处理厂与餐厨垃圾处理设施的产排污系数。2019 年 1 月制定了系数值初稿，经专家论证、试核算、修改核实、软件核算等工作。2019 年 3 月全面完成了系数值的制定。据统计，共制定了 46 个生活垃圾处理厂产污系数，其中渗滤液产生量和排放量系数 2 个；11 个系数指标共设置 11 个产污浓度系数；对 3 种不同污水处理工艺、11 个系数指标共设置 33 个排污浓度系数。餐厨垃圾处理厂产排污系数 22 个，其中渗滤液产生量和排放量系数 2 个；5 个系数指标共设置 5 个产污浓度系数；对 3 种不同污水处理工艺、5 个系数指标共设置 15 个排污浓度系数。

（5）移动源污染物排放系数制定

2018 年 1 月明确了系数制定的工作方案，并正式启动制定工作。移动源排放系数包括机动车、非道路移动源，采用排放系数法测算移动源污染物排放量。

利用相关部门提供的数据信息，结合典型地区抽样调查，获取移动源保有量、燃油消耗及活动水平信息，结合分区分类排放系数核算移动源污染物排放量；利用普查报表制度获取生产活动水平数据，结合分区分类排放系数核算污染物排放量。

机动车排放系数为综合排放因子和年均行驶里程的乘积。其中，综合排放因子以约500辆机动车实际道路排放的测试数据为基础，结合温度、湿度、海拔、空调、负载、燃油等本地化参数修正获取；年均行驶里程数据约1.5亿条，主要来自各地环保检测数据、售后维修保养数据、卫星定位数据、小样本调查数据等。

非道路移动机械包括工程机械、农业机械等，其排放系数为保有量、额定功率、负载因子、使用时间和综合排放因子的乘积。其中，综合排放因子主要通过台架测试数据结合实际工况下的测试结果获得。工程机械中挖掘机和装载机的活动水平数据主要通过国内龙头企业的在线监控数据统计得到。农业机械中拖拉机和收割机的活动水平数据来自国内各个省份的实际调研结果。其他类型非道路机械的活动水平数据来自《非道路移动污染源排放清单编制技术指南（试行）》中的参考值。

铁路内燃机车排放系数中，排放因子主要基于国内外相关测试数据的文献资料结果。飞机的排放系数主要通过国际民用航空组织（ICAO）和国内外有关机场大气污染气体排放清单编制方法的文献获得。船舶的排放系数通过以国内外通用的排放因子为基础，并使用我国船舶排放实测数据和船舶发动机台架数据进行本地化修正后获得。

2019年1月底，制定了移动源污染物排放系数初稿，经专家论证、试核算等工作，并于2019年3月对移动源污染物排放系数进行了验证校核，完成系数更新工作，3月底完成了移动源污染物排放系数的制定。据统计，共制定了284 991个移动源污染物排放系数，其中机动车排放系数275 082个，非道路移动源排放系数9 909个。

（6）地方产排污系数制定情况

为使污染物排放量核算更贴近实际情况，部分地区积极配合国家开展产排污系数研究、制定以及试核算工作。例如：浙江省普查办积极组织开展了省级产排污系数本地化研究，部分市县根据本地产业特点，选取了制笔、树脂纽扣制造、眼镜制造等20个地方特色行业开展产排污系数研究工作。海南省自主编制了槟榔加工业、橡胶初加工业和机动车维修企业的产排污系数。

2.2.1.5 信息系统构建情况

按照普查工作总体要求，部普查办协同生态环境部信息中心（以下简称信息中心），充分利用已有的信息化基础条件，运用先进的信息技术手段，组织开展污染源普查信息化建设工作，为第二次全国污染源普查提供全过程信息化支撑和服务。

（1）构建污染源普查基础数据处理环境

普查数据处理环境是普查软件运行的重要支撑，部普查办按照精简节约、充分利用已有资源、避免重复建设的原则，组织编制了普查数据处理方案并印发各省级普查机构，组织和指导开展省级普查数据处理基础环境的建设和运维工作，全国29个省份（除新疆、新疆生产建设兵团、西藏依托国家云平台）通过依托省级政务云、采购专用设备等多种方式进行数据处理环境建设和运维，共投入各类服务器816台，为普查软件部署奠定了基础。

信息中心依托生态环境部环保云平台建设国家级普查数据处理环境，配置了13台服务器、131台虚拟服务器和基础数据库，支持部本级普查软件部署和运行，同时在云平台上部署了新疆、新疆生产建设兵团、西藏3个省级数据处理环境，支持3个省级普查软件的稳定运行。

信息中心协同地方生态环境信息部门，开展了国家、省、地市、区县四级环保专网的运行维护工作，及时排除网络故障，保障了普查数据的网络传输和实时交换，并在普查数据会审阶段拓展网络带宽，支持普查数据的实时审核。这些措施为全国各省、市、县级普查机构等专网用户开展普查数据采集、审核、核算和汇总工作提供了基础网络支撑和保障。

（2）开展污染源普查数据采集与管理系统建设

污染源普查数据采集与管理系统软件是服务入户调查数据采集与处理的重要支撑工具。

2018年5月，通过公开招标，信息中心确定普查数据采集与管理系统开发项目承建单位，经过几个月的开发、测试和试用，污染源普查数据采集与管理系统于2018年9月完成国家级、32个省级软件部署，实现了“国家—省—市—县—两员”五级应用服务。通过提供用户管理、元数据管理、报表管理、Web端数据采集、移动端数据采集、数据采集桌面填报、污染物产排量核算、数据管理、数据复核和数据交换平台、智能填报平台、数据可视化分析平台等功能应用，为各级普查机构开展普查报表数据的采集、管理、汇总、审核和核算、集中会审等工作提供了软件支撑和数据服务，并在此基础上开展软件功能更新和软件运维工作。

普查数据采集与管理软件在设计中采取“互联网工作区+环保专网区”联合部署、“Web端采集+移动端采集”相结合的方式，通过先进的数据同步技术，实现了“互联网采集、专网审核”的技术设计要求，既为普查数据采集和空间定位提供了便利的互联网应用，又为数据汇总和审核工作提供了稳定、安全的网络技术保障。

在软件部署和运维过程中，针对全国64个网络节点（专网和互联网）异构网络结构复杂、安全防护要求高等特点，部普查办协同项目承建商、地方普查机构支持部门，克服了网络交换、数据同步等各类技术难点和风险隐患，支持海量数据有效传输和软件运行的安全管理，保证了普查数据采集工作顺利进行。

（3）开展污染源普查空间数据管理系统建设

污染源普查空间数据管理系统软件是支持普查空间信息采集与管理的重要工具，是污染源普查“一张图”的数据基础。

为了保证污染源普查入户调查使用的基础地理信息真实、准确，在自然资源部的支持下，国家基础地理信息中心为污染源普查提供了基础地图技术服务，在部云平台上部署“天地图”基础地理信息前置系统，为普查入户调查工作提供基础地理信息服务。截至2019年6月，全国普查机构用户通过软件累计调用基础地理信息服务3 438万次，日均调用服务次数达11.5万次。

2018年5月，经项目公开招标，确定污染源普查空间数据管理系统项目承建单位，经过两个多月的开发和测试，于2018年9月正式投入使用。该项目实现了国家级、32个省级软件部署，满足了污染源普查底图数据规范和空间信息采集规范的技术要求，通过空间服务子系统、数据采集任务管理子系统、空间信息采集与成果管理子系统功能，为各级普查机构开展污染源空间信息采集、审核和汇总提供了软件支撑。

在污染源普查空间数据管理系统设计中，充分利用国家基础地理信息和地理国情普查数据的优势，保证普查入户调查的基础底图真实、准确。通过普查小区划分工具实现了普查小区有效管理，为地方普查员和普查指导员在数据采集过程中精确定位普查对象提供了技术支持；通过手持移动终端 App 软件支持在入户调查现场采集污染源点位空间信息、边界空间信息、排放口空间信息以及相关照片信息，通过现场空间信息采集为污染源"画像"提供精确的空间信息支持。

（4）其他实用工具

为了支持地方普查机构开展数据采集工作，部普查办组织开发了一系列实用的辅助软件，包括清查软件、填报助手、Access 数据审核软件等，有效降低了普查清查和入户调查的工作量，改善了清查对象名录汇总、行业代码选择，普查数据审核等相关工作的便利程度，大大提高了普查工作效率。同时，农业农村部普查工作推进组为全面做好农业源生产活动水平数据采集和数据管理工作，依托移动终端，采用无线数据传输技术、GPS、GIS 技术，搭建了农业源普查数据采集系统、数据质量控制系统、工作进度汇交系统、综合数据库管理及数据深度挖掘系统，实现精确、快捷、高效地采集和分析处理数据，并进行全流程质量控制、进度监控和过程管理，有效保证了农业源普查的工作进度和工作质量。

为了保障普查数据采集和数据处理工作顺利进行，全国各地都按要求购置或租用了系统配置所需的软硬件设备。据统计，地方各级普查机构共配置了服务器 816 台，存储设备 1 967 台，计算机设备 23 721 台，移动采集终端设备 110 418 台（表 4），有效保障了普查工作快速、高效、准确地开展和实施。

表 4　全国各地区普查软硬件设备购置情况汇总表

单位：台（套）

地区	服务器	存储设备	网络设备	安全设备	基础软件	计算机设备	移动采集终端设备
北京	11	141	1	18	2	171	8 000
天津	11	2	2	1	10	180	773
河北	36	2	7	10	3	1 319	5 366
山西	40	56	34	42	50	919	3 244
内蒙古	48	211	61	59	74	578	1 731
辽宁	29	20	6	2	4	762	2 506
吉林	8	2	2	2	1	488	1 517
黑龙江	12	1	6	14	3	890	3 533
上海	4	2	3	1	6	177	757
江苏	24	12	20	20	3	967	5 631
浙江	33	56	27	18	111	1 331	4 611
安徽	36	2	2	1	4	836	3 305
福建	36	4	8	14	2	747	2 421

地区	服务器	存储设备	网络设备	安全设备	基础软件	计算机设备	移动采集终端设备
江西	32	10	9	16	7	716	2 507
山东	23	4	8	10	1	1 407	5 686
河南	56	0	0	0	0	1 718	6 933
湖北	25	2	24	20	30	812	3 845
湖南	18	2	150	132	139	987	3 870
广东	59	169	176	136	120	1 830	8 792
广西	29	40	32	26	6	454	4 550
海南	35	57	21	22	17	160	814
重庆	9	2	43	16	25	538	3 401
四川	46	360	118	75	145	1 659	8 573
贵州	36	2	2	1	1	569	1 976
云南	27	4	344	178	5	1 059	4 731
西藏	1	19	13	23	52	154	435
陕西	7	2	5	11	65	795	6 988
甘肃	43	589	68	84	152	490	2 385
青海	20	29	14	13	59	151	542
宁夏	15	1	1	1	15	194	800
新疆	7	118	41	19	21	535	187
新疆生产建设兵团	0	46	2	17	14	128	8
合计	816	1 967	1 250	1 002	1 147	23 721	110 418

2.2.1.6 “两员”选聘与管理

2017 年 12 月，部普查办制定印发了《关于第二次全国污染源普查普查员和普查指导员选聘及管理工作的指导意见》（国污普〔2017〕10 号），指导地方做好普查员和普查指导员选聘及管理工作。

据统计，全国共选聘普查员 307 953 名，普查指导员 73 260 名（表 5）。普查员和普查指导员以生态环境系统下属的环境监察、监测人员以及街道、乡镇、村委工作人员和环保员为主，以在校大学生和企业环保人员为辅。还有部分地方的普查员和普查指导员来自统计、工商、卫健等部门，具有多年实践经验的干部。

普查员和普查指导员在普查工作中起到了关键作用，是全面开展普查清查和入户调查的主要力量，一方面获取了大量普查数据，另一方面对宣传普查工作、提高群众环保意识，发挥了巨大作用。

除普查员和普查指导员以外，还引入了其他社会力量 79 465 人参与普查，如街道、乡镇网格员和村干部等，充分发挥其熟悉属地工作情况的优势，为清查和入户调查提供指引和帮助。

表5 全国各地区普查员和普查指导员数量汇总表

单位：名

地区	普查员			普查指导员			合计	其他人员
	农业源	工业源及其他源	小计	农业源	工业源及其他源	小计		
北京	650	5 749	6 399	22	935	957	7 356	—
天津	247	2 036	2 283	42	418	460	2 743	1 025
河北	2 954	14 413	17 367	722	3 064	3 786	21 153	13 407
山西	324	6 151	6 475	28	1 889	1 917	8 392	5 589
内蒙古	1 015	2 960	3 975	342	935	1 277	5 252	230
辽宁	1 881	9 202	11 083	494	1 962	2 456	13 539	2 459
吉林	2 298	4 082	6 380	588	925	1 513	7 893	803
黑龙江	742	5 842	6 584	195	1 244	1 439	8 023	1 436
上海	379	4 847	5 226	212	886	1 098	6 324	91
江苏	1 332	16 820	18 152	310	3 292	3 602	21 754	3 778
浙江	674	15 749	16 423	292	3 119	3 411	19 834	12 134
安徽	1 619	9 891	11 510	463	1 981	2 444	13 954	—
福建	838	9 602	10 440	323	2 326	2 649	13 089	3 313
江西	1 258	5 596	6 854	369	1 093	1 462	8 316	2 326
山东	3 162	26 381	29 543	768	7 091	7 859	37 402	6 656
河南	5 030	19 683	24 713	1 351	3 902	5 253	29 966	—
湖北	1 610	6 520	8 130	382	2 705	3 087	11 217	5 825
湖南	4 136	4 432	8 568	1 124	1 334	2 458	11 026	2 155
广东	1 825	25 073	26 898	539	4 562	5 101	31 999	4 866
广西	3 041	5 066	8 107	696	1 231	1 927	10 034	—
海南	458	791	1 249	159	303	462	1 711	360
重庆	1 657	7 229	8 886	156	1 241	1 397	10 283	2 782
四川	3 398	20 733	24 131	765	4 911	5 676	29 807	3 883
贵州	541	3 554	4 095	167	760	927	5 022	2 116
云南	4 356	8 171	12 527	1 353	2 620	3 973	16 500	252
西藏	73	1 222	1 295	45	287	332	1 627	310
陕西	3 153	3 845	6 998	1 129	972	2 101	9 099	1 462
甘肃	537	5 696	6 233	231	1 549	1 780	8 013	858
青海	198	1 656	1 854	57	387	444	2 298	106
宁夏	415	1 663	2 078	92	582	674	2 752	14
新疆	111	2 872	2 983	54	1 075	1 129	4 112	1 206
新疆生产建设兵团	63	451	514	18	191	209	723	23
合计	49 975	257 978	307 953	13 488	59 772	73 260	381 213	79 465

2.2.1.7 第三方机构使用与管理

考虑生态环境系统工作任务多、业务范围广、工作压力大的现状，尤其是基层力量严重不足的情况，《普查方案》提出通过购买第三方服务和借助信息化手段提高普查工作效率。

为规范第三方机构参与普查工作，根据《国务院办公厅关于政府向社会力量购买服务的指导意见》《普查方案》等有关要求，2017 年 12 月，部普查办制定印发了《关于做好第三方机构参与第二次全国污染源普查工作的通知》(国污普〔2017〕11 号)，从选择第三方机构的基本原则、过程管理，第三方机构的基本条件、参与内容、资金绩效管理、监督管理等方面提出了明确要求。农业农村部为做好农业源普查原位监测点布设和检测机构遴选工作，编制印发了《关于报送农业污染源普查原位监测点位和检测机构名单的通知》，对备案检测机构开展“盲样考核”和“飞行检查”，加强对第三方机构的质量控制。

各级普查机构根据国家文件要求，积极引入第三方机构参与普查，将相关技术工作委托给第三方机构。部分省份还针对普查第三方机构的管理专门出台了文件。据统计，地方各级普查办共引入 4 692 个第三方机构参与普查工作，第三方机构参与人员达 100 634 人；出台针对第三方机构管理的文件 796 份（表 6）。第三方机构主要承担的工作内容包括信息系统开发及相关技术支持服务，伴生放射性矿普查初测或详查相关工作，普查数据审核、档案管理、宣传培训等相关工作。第三方机构充分发挥自身专长，为普查工作贡献了大量的人力和技术支持。

表 6 全国各地区第三方机构参与普查工作情况汇总表

地区	第三方机构个数/个	第三方机构人数/人	第三方机构管理文件数量/份
北京	51	2 389	6
天津	36	1 966	18
河北	241	5 184	31
山西	225	4 313	14
内蒙古	37	327	6
辽宁	117	4 995	25
吉林	107	2 006	26
黑龙江	69	1 051	18
上海	92	2 110	6
江苏	339	7 737	6
浙江	316	8 959	11
安徽	150	3 051	0
福建	160	5 290	32
江西	190	3 633	86
山东	281	3 560	84
河南	89	1 620	3
湖北	287	6 618	24

地区	第三方机构个数/个	第三方机构人数/人	第三方机构管理文件数量/份
湖南	388	5 051	38
广东	311	11 425	40
广西	72	1 147	1
海南	89	1 620	3
重庆	72	2 131	27
四川	283	6 100	120
贵州	147	2 344	4
云南	165	1 900	10
西藏	46	234	7
陕西	110	1 827	33
甘肃	93	895	32
青海	30	262	35
宁夏	25	217	16
新疆	70	645	30
新疆生产建设兵团	4	27	4
合计	4 692	100 634	796

全国各地坚持公平、公开、公正和注重能力实绩的原则，选择专业能力强、执业规范的第三方机构。通过公开第三方机构选择过程、签订服务合同、明确服务内容、规范工作流程和标准，强化资金及技术监管，不断优化和加强第三方服务质量和效率，取得了良好的工作效果。通过购买第三方服务，不仅解决了普查力量不足的问题，也充分利用社会力量，有效推动了普查工作的顺利开展。

2.2.1.8 前期准备工作检查

为加快推进普查前期准备工作，部普查办组织了 16 个检查组于 2018 年 5 月对 31 个省（区、市）和新疆生产建设兵团、83 个地级市、132 个县（市、区）开展了前期准备工作检查。检查内容包括各地普查机构组建情况、办公场所及办公设备落实情况、人员配备情况、经费落实情况、实施方案编制情况、普查名录底册确定情况、“两员”选聘情况、工作调度与督办情况、宣传与培训和信息化建设情况。

各检查组严格遵守中央八项规定精神，共形成《普查前期工作检查情况日报》7 期，发现各类问题 300 余个。其中，清查工作问题占 42%、前期准备问题占 21%、“两员”选聘及培训问题占 17%、与其他部门（如农业、水利等）衔接问题占 11%，专网联通、档案管理等其他方面问题占 9%。

各地积极配合检查工作开展，针对检查组发现的问题及时进行整改。总体来看，普查前期工作检查达到了发现问题、纠正偏向，强化责任、推进工作的目的。

2.2.2 清查建库

2.2.2.1 单位名录库筛选

为了给地方清查工作提供有效支撑，减少各地协调名录库可能出现的问题，部普查办分别联系统计局、原工商总局、原质检总局、国家电网和南方电网等部门，协调获取基本单位名录库、第三次全国农业普查名录库、电网用户名录库、纳税单位名录库等，筛选出疑似排污单位工业源 740 万个、畜禽规模养殖场 80 万个，并经过各地补充完善，2018 年 3 月形成疑似排污单位共计 1 001 万个的清查底册。

地方各级普查机构在部普查办印发的清查底册基础上，逐级开展名录的筛查比对工作，从本级统计、工商、质检等部门获取同级名录库，并结合上级底册开展筛查比对，再逐级下发。

通过名录筛查比对工作，基本上掌握了清查对象和清查工作量，确保清查工作基础扎实，为现场拉网排查打下了坚实的基础。

2.2.2.2 普查小区划分

普查小区是组织开展普查工作的基本地域单元，凡包含有第二次全国污染源普查对象的地域范围，都必须划分普查小区。普查小区的划分原则上按村（居）民委员会管辖的地域范围确定。如确属普查工作需要，且有独立、完整的地理区域，可单独划分普查小区，但需报上级普查机构批准、备案，统一编码。

地方各级普查机构以目前统计上使用的行政区划地址代码库为基础，按照村（居）民委员会管辖的地域范围逐一划分普查小区、确定代码，每个普查小区对应 12 位代码。对于个别区域较大、单位较多的普查小区，可根据工作需要进一步拆分，并明确边界，在原 12 位代码后增加 1 位顺序识别码。

地方各级普查机构认真贯彻落实普查小区划分有关要求，对本行政区域内的地域范围合理划分了普查小区，囊括了行政区域内所有普查对象。据统计，全国 31 个省（区、市）和新疆生产建设兵团一共划定了 66 万个普查小区。普查小区的划定对全国各地有序开展普查清查和入户调查、保证普查对象“不重不漏”发挥了重要作用。

2.2.2.3 入户清查

地方各级普查机构根据普查分区和清查基本单位名录组织清查，明确普查员和普查指导员负责的区域范围及清查对象，落实责任。按小区实地访问、逐户摸底排查，参照清查基本单位名录册（库），排重补漏，核实完善清查对象信息，分别填写各类污染源普查清查表，逐一现场采集普查对象的地理信息坐标。按照汇总表式进行汇总，并逐级上报。

地方各级普查机构对本行政区域清查结果进行审核并组织复核，以被复核行政区域内所有普查小区为总体，按比例随机抽取部分普查小区进行复核。地市级普查机构复核抽样覆盖所有区县和所选取普查小区样本范围内所有清查对象；省级普查机构复核抽样覆盖所有地市和所选取普查小区样本范围内所有清查对象；部普查办按照有关技术规定对全国普查清查结果开展抽样复核。

各级普查机构根据入户清查结果确定本级普查基本单位名录，经上级普查机构审核认定，确定为第二次全国污染源普查入户调查对象名录。各省级辐射监测机构将初测放射性水平达到筛选标准的伴生放射性矿企业，整理汇总形成伴生放射性矿普查单位名录，汇总后报省级普查机构。省级普查机构将本地区普查单位名录审定后报部普查办。

2.2.2.4 名录比对核实

为确保污染源普查对象“应查尽查、不重不漏”，部普查办组织技术支持单位对普查清查的汇总数据开展审核评估工作，召开省级普查办主任培训班，向各省传达污染源普查清查汇总数据审核评估结果，反馈存在的问题和整改要求，指导和督促地方各级普查机构在入户调查工作中及时增补新发现的普查对象，保证各地普查对象能够客观、全面、真实地反映污染源分布状况。

为保证污染源普查对象的全面性，避免出现污染源明显漏查、漏报，部普查办选择了河北省邯郸市武安市、河南省郑州市荥阳市、浙江省衢州市江山市、广东省广州市等典型地区，组织有关单位专家会同当地普查办，将当地污染源基本单位名录与第四次全国经济普查清查名录、2017 年全年用电量工业企业清单、大气强化监督名录、入河（海）排污口清单等数据库进行比对分析，先后赴现场进行调研核实，总结完善工作方法和工作经验后，编制印发了《关于开展污染源基本单位名录比对核实工作的通知》（国污普〔2019〕4 号）。地方各级普查机构严格按照通知要求，认真组织开展了污染源基本单位名录比对核实工作，按时向部普查办上报比对核实结果。

2.2.2.5 清查数据审核

入户清查结果经过县级自查、市级质量核查、省级抽样复核后，各地将清查建库结果按照 2018 年 6 月 30 日时间节点有序报送部普查办。为进一步提高清查数据质量，2018 年 8—9 月，部普查办组织开展了清查数据审核工作，并结合有关要求，制定了清查数据审核细则，通过抽样审核与全面审核、人工审核与软件审核相结合的方式，对清查数据进行了 3 轮审核，及时向地方反馈存在的问题，明确整改要求，同时将有关清查数据审核工具软件下发各省（区、市），要求地市和区县级普查机构认真对清查数据进行自查自审，由省级普查机构进行集中审核和抽样复核，进一步提高了清查数据质量。云南、河北等省份结合本地实际，不等不靠，及时对本省清查数据进行全面审核，有效提高了本省清查数据质量。各级普查机构密切配合，严格执行清查技术规定和有关质量管理要求，经过 3 轮次的多级审核与整改核实，基本保证了清查对象“应查尽查、不重不漏”，顺利完成了清查定库工作，具备了全面入户调查的条件。

2.2.2.6 清查质量核查与评估

2018 年 7 月，根据《第二次全国污染源普查清查工作抽查检查方案》（国污普〔2018〕11 号），部普查办抽调农业农村部有关司局、部内司局、部属单位、地方普查机构的骨干力量 270 余人次，由司局级领导带队，对 31 个省（区、市）清查工作开展检查。重点检查地方各级普查机构的清查质量核查与评估报告、清查质量核查情况和清查结果汇总情况；每个省级行政区域随机抽取 6 个普查小区对其开展现场检查工作，分别计算清查对象漏查率和清查表填报错误率。据统计，检查工作随机抽取了 186 个普查小区开展现场检查工作，核实确定 6 387 个普查对象，发现地方漏查普查对象 115 个，清查表填报错误 318 张，各地根据检查结果积极整改。

经过 3 轮清查数据审核及质量核查与整改，2018 年 8 月形成了污染源普查基本单位名录库，确定全国纳入全面调查对象数量为 358.32 万个。其中入户调查对象 357.97 万个，包括：工业源 247.74 万个，畜禽规模养殖场 37.88 万个，生活源 63.95 万个，集中式污染治理设施 8.40 万个；以行政区为单位的普查对象数量 3 497 个。

根据第三方评估结果，全国普查对象漏查率为 1.8‰。

2.2.3 普查试点

按照地方自愿的原则，综合考虑污染源和行业分布特征、地区代表性等因素，各省普查机构紧密结合当地实际和工作需求，安排和部署普查试点工作，积累普查清查、入户调查和排放量核算工作经验，提前验证并完善清查、普查制度和技术规定以及普查数据采集与管理系统。

2.2.3.1 国家试点情况

根据各省推荐情况，部普查办确定了 26 个国家试点地区。其中，全面试点地区包括河北省武安市、山西省晋城市、内蒙古自治区呼和浩特市土默特左旗、辽宁省沈阳市浑南新区、黑龙江省齐齐哈尔市、江西省赣州市崇义县、山东省菏泽市巨野县、河南省荥阳市、湖南省衡阳市、重庆市北碚区、云南省昆明市、陕西省铜川市、甘肃省金昌市永昌县、新疆维吾尔自治区乌鲁木齐市、浙江省温州市；部分试点地区包括山西省长治市襄垣县（工业源、农业源、生活源试点）、江苏省宜兴市（工业源、生活源、集中式试点）、四川省乐山市五通桥区（工业源试点）。

伴生放射性矿普查因工作独立性要求，选取山西省大同市、忻州市，湖南省郴州市、邵阳市，四川省凉山彝族自治州、乐山市，贵州省遵义市、黔东南苗族侗族自治州重点进行试点，完成了 1 539 家伴生放射性矿企业初测和 229 家企业详查。

2018 年 4 月，各试点地区完成普查清查，基本确定了污染源普查基本单位名录。6 月，试点地区基本完成了入户调查、数据审核汇总工作。试点地区普查机构按要求对试点清查和全面入户调查工作进行了技术指导和质量核查；部普查办对试点工作开展情况和试点数据质量开展抽样核查与评估。试点过程中，各试点地区针对《第二次全国污染源普查制度（征求意见稿）》提出了 605 条具体问题和建议，有力推进了普查制度的修订和完善。

通过开展普查试点，验证了普查分区管理、污染源空间定位的可行性，确认了普查技术路线、普查方案、各项技术规定和工作细则的科学性；检验了数据处理流程、清查和普查数据采集软件的可操作性；

明确了普查组织动员、质量管理的工作机制和程序；探索了第三方机构参与普查的管理方式；发现了准备工作中存在的问题或不足。通过进一步研究解决有关问题，采取措施弥补有关缺陷，使普查制度及相关技术文件进一步完善，普查软件系统功能更全面、使用更便捷，普查质量控制手段更丰富，普查组织动员更高效，普查第三方管理更人性化，为在全国范围内开展全面普查积累了宝贵的实战经验。

2.2.3.2 地方试点情况

地方试点包括省级试点和地市级试点。全国 21 个省（区、市）结合自身工作实际，选择部署了 157 个省级试点，231 个地市级试点（表 7）。各地根据区域特征采取了不同的试点方案，同样取得了良好的试点效果。河北、浙江、上海、湖北、云南、新疆等地为摸索污染源普查工作经验，本着“完善方案、探讨方法、发现问题、总结经验，锻炼队伍、指导工作”的目的，投入经费，组织业务骨干，自行开展本省试点工作，为做好全面普查工作提供了良好借鉴。例如：河北省每个市设立了一个省级试点，先行先试普查制度和技术规定，及时发现了清查、入户调查工作中的问题，为全面普查摸清道路。试点工作对各地区普查清查和入户调查等关键工作推进起到了很好的引领示范作用。上海市各区根据区域产业特征选择了 1～2 个行业开展普查试点工作，共选取 80 余家污染源（工业源、集中式、生活源），对其开展了现场核实和报表试填报工作，为全市全面做好入户调查工作夯实了基础。

表 7 全国各地区试点情况汇总表

单位：个

地区	国家级试点数量	省级试点数量	地市级试点数量
北京	0	7	0
天津	0	0	25
河北	1	10	0
山西	3	11	0
内蒙古	1	1	0
辽宁	1	0	1
吉林	0	3	6
黑龙江	1	0	0
上海	0	16	1
江苏	1	2	0
浙江	1	1	13
安徽	0	0	0
福建	0	0	16
江西	1	1	1
山东	1	0	20
河南	1	0	6
湖北	0	52	89

地区	国家级试点数量	省级试点数量	地市级试点数量
湖南	1	1	1
广东	0	0	32
广西	0	1	0
海南	0	0	0
重庆	1	18	0
四川	6	3	6
贵州	0	1	2
云南	1	1	5
西藏	0	0	2
陕西	1	4	0
甘肃	1	2	0
青海	0	1	0
宁夏	0	18	0
新疆	1	3	2
新疆生产建设兵团	0	0	3
合计	24	157	231

2.2.4 全面普查

全面普查阶段主要任务包括入户调查与数据采集、排放量核算、数据审核与汇总、质量核查与评估等工作。

2.2.4.1 入户调查与数据采集

（1）全面做好数据采集工作

2018 年 8 月，时任生态环境部部长李干杰在第二次全国污染源普查工作推进视频会议上，要求全面细致做好入户调查，高质量完成第二次全国污染源普查任务，标志着入户调查和数据采集工作正式开始。全国各地普遍采取集中统一填报和上门入户指导填报、纸质报表采集与移动终端（App）采集相结合的方式，采集普查对象生产活动水平及其地理空间信息（经纬度、边界等）。部分地区将普查表发放到每个普查对象先进行试填，对每一个指标和代码确认无误后再正式填报；部分地区采取电子表格采集填报数据的方式采集普查对象信息。普查数据采集工作的主要力量为前期选聘的普查员和普查指导员。但部分地区充分考虑到普查工作的难度和复杂性，结合实际从环境执法、环境监测、核与辐射环境、环境科研等相关直属单位抽调人员参加普查工作，同时搞好部门间和部门内协调，全力以赴协助普查员和普查指导员指导普查对象做好数据采集工作。2018 年 12 月，全国各地的普查数据采集工作基本完成。

（2）加强调研指导和工作调度

在普查表填报关键时期，各级普查机构强化责任意识，加强组织领导，除了利用网络建立在线咨询平台对基层普查工作进行指导外，还经常深入一线，分组督导。由领导带队进行指导调研，对工作进展缓慢、工作质量落后的地区开展重点督查，对问题严重的予以协助、督办。同时，建立了逐级电话调度和每月一次的信息报告制度，及时了解地方各级普查机构普查表填报的最新进展；对工作进度落后的地区，采取措施予以督促帮助。部普查办先后组织技术骨干 180 余人次赴全国各省进行调研指导，深入基层，及时发现各地入户调查过程中存在的实际问题，及时通报和反馈；并组织编制下发答疑手册，为入户调查过程中存在的难点释疑解惑。

2.2.4.2 排放量核算

各类污染源产排污系数手册（试用版）于 2019 年 2 月印发，各地开展产排污试算工作，根据专家和地方试用意见对产排污系数进行更新完善后，地方各级普查机构认真组织开展污染物排放量核算工作。

核算过程中，部普查办及时建立完善系数选用答疑机制，组织专家团队赴河北、河南、上海、黑龙江、广西、福建等省份进行调研指导，了解普查数据审核汇总中存在的问题并现场予以解决。调研工作主要包括：深入现场了解数据审核工作情况，听取工作汇报并开展现场答疑；对普查技术人员开展数据集中审核培训指导；以“解剖麻雀”的方式选取典型区县开展示范性的集中会审；为技术人员深入解读普查数据集中审核细则并开展现场答疑；为宣传推广典型经验，邀请《人民日报》《经济日报》《光明日报》《中国改革报》《中国环境报》等媒体记者进行实地采访。

2019 年 4 月，组织软件公司实现核算模块上线后，部普查办及时组织测试验证和方法培训，有效提升了产排污核算工作效率。针对发现的问题，软件公司逐步完善优化相关功能，随时做好运维保障，发现问题及时解决，保证排放量核算工作顺利进行。

2019 年 5 月，陕西、湖北、云南、新疆等省份各类源强制性审核通过率、提示性审核通过率和核算完成率接近 100%，在全国领先完成排放量核算阶段性任务。

截至 2019 年 5 月 31 日，全国各地基本完成了对工业源、生活源、集中式污染治理设施和移动源的产排污核算；截至 6 月 27 日，全国各地基本完成对农业源的排放量核算。

2.2.4.3 数据审核

（1）明确数据审核责任

为保证普查数据真实、准确、全面，各级普查机构严格按照普查质量管理和数据审核有关要求，把质量控制贯穿于普查清查、填报、录入、审核每个过程，对普查对象及有关数据进行内部审核、普查员审核、普查指导员审核、普查机构会审和抽查审核等五级审核，对每一份普查报表进行严格把关。普查对象内部审核，即填表人自审、部门负责人审核和法人代表或单位负责人审核；普查员审核包括指标项目填报是否齐全，能源、水、主要原辅材料、主要产品产量、生产（运营）工况、污染处理设施及运行状况等基本情况是否与有关台账、票据和实物相符等；普查指导员审核的内容主要是普查数据的合理性和逻辑性；普查机构则是对重点污染源普查数据进行会审，并与日常环境执法、环境监测和排污申报登记等相关数据进行核对，分析原因，确定数据填报的可信度；抽查审核即由上一级普查机构对下一级普查数据按一定比例随机抽样审核。

（2）分片区现场审核指导

G106-1 表是工业源排放量核算的基本依据，该表填报质量直接决定普查污染物排放量核算质量。为全面提升入户调查数据质量，部普查办围绕真实、准确、全面的目标要求，针对前期 G106-1 表填报过程中存在的问题，开发填报查询程序、印发系数手册，为地方填报 G106-1 表提供依据。同时组织开展全国普查数据质量提升工作，制定《普查基本信息和生产活动水平数据汇总审核评估办法》，分华南、华北、华东、东北、西部 5 个片区抽调专家和普查技术骨干，以“解剖麻雀”的方式开展数据汇总评估和面对面帮扶指导，累计抽调专家 110 人次，审核普查对象 4 840 个，召开现场反馈会 75 次，形成反馈单 86 份，培训普查骨干 1 330 人次，实现 32 个省级普查机构全覆盖，有力推动了各地普查数据质量提升和 G106-1 表补充填报工作。其间，赵英民副部长出席华北片区工作会，听取有关省市县工作汇报，开展实地调研，慰问基层普查工作人员，对如何做好软件支持、全面提升数据质量进行部署安排，着力推动了全国各地迅速提升入户调查数据质量。

此外，农业农村部对农业源普查组织开展了全覆盖的技术指导。2018 年 10 月底到 11 月初，对进度缓慢的 10 个省份进行农业源普查现场技术指导，12 月上旬对 10 个省份进行农业源普查原位监测质量控制现场技术指导，2019 年 1 月上旬，又对 10 个省份进行抽样调查数据质量控制技术指导，完成了除西藏之外的技术指导全覆盖。通过材料查阅和现场考察，指导专家组及时提出整改意见和措施，并进行跟踪确认，保障了调查和原位监测工作的顺利推进。同时，为加强地方数据审核工作，编制印发了《关于做好农业污染源普查数据填报和审核工作的通知》，要求地方对普查数据开展逐级审核，各专题技术支持单位也积极会同片区单位对全国农业源普查数据进行质量控制，有效提高了农业源普查数据的准确性。

（3）开展多轮次集中审核

部普查办组织各行业专家、产排污系数制定专家（含农业农村部专家）以及部属单位技术骨干，结合行业情况制定各类污染源普查数据审核细则，并根据审核细则对各类污染源进行了 3 轮集中审核。

第一轮审核以发现面上问题为主，完成了对污染源基本单位名录，移动源、生活源和集中式污染治理设施，工业源中的钢铁、水泥、造纸、石化等 12 个重点行业 200 多个小类行业的数据审核。137 人参加集中审核工作，累计发放 20 批次问题清单。据统计，共形成问题清单 34 份，每一份至少涉及 20 个省份，向各省反馈的问题清单总计 680 份。

第二轮审核重点围绕各省排放量汇总结果在区域和行业之间的结构分布情况以及第一轮集中审核发现问题的整改情况开展集中审核，共计组织行业协会、高校、农业农村部和生态环境部直属单位的专家、地方普查机构技术骨干 60 余人参加，共向全国 32 个省级机构反馈问题清单 5 批次，涉及问题 23 万余个。

第三轮审核重点围绕全国普查汇总结果与环境统计结果的比对、全国挥发性有机物汇总结果分析两个方面开展，并组织发现问题比较多的21个省份在北京开展面对面反馈。

地方各级普查机构也参照国家集中审核模式，组织各有关部门、生态环境部门有关处室开展部门联审与集中会审（部分普查机构委托第三方机构开展集中审核），结合环境统计、经济统计等其他宏观数据，进行宏观比对审核。

（4）逐源进行数据校核

地方各级普查机构负责抓好普查数据的整改和校核，对每次质量核查及国家审核反馈的问题或疑似问题逐源列表，溯源到普查对象现场查找原因，逐一进行核实整改。为督促指导各地及时修正反馈的问题数据，确保上报数据不带问题，部分地区实施了分片包干责任制，每个片区派专人负责，强调先修改原始普查表，再调整数据库，同时做好说明，保证表库一致、各级数据库一致。

各级普查机构密切协作，采用多种形式、多轮次的审核，修正不同部门统计数据带来的偏差，对普查数据中发现的填报异常、逻辑异常等方面存在的问题提出有效的整改措施，保障普查数据质量得到有效提升。

2.2.4.4 质量核查与评估

（1）细化核查工作方案

根据《关于做好第二次全国污染源普查质量核查工作的通知》（国污普〔2018〕8号）等文件要求，结合普查工作进展情况，制定质量核查工作方案；召开专家咨询会，邀请统计局、中国人民大学的专家和部分省市普查办负责同志、技术骨干参加，完成方案论证；根据专家意见，完成各省核查区域、核查对象的抽取工作。

（2）开展核查工作试点

部普查办抽调技术支持单位专家及部分地方普查骨干组成核查工作试点组，赴陕西省开展质量核查试点工作。在西安市、安康市随机抽取53家工业源、20家农业源、34家生活源、11家集中式污染治理设施、14家移动源普查表对其进行全面质量核查，并选取部分污染源开展现场复核。陕西核查试点工作形成的工作程序、技术要求、组织方式，为全国大范围开展质量核查工作提供了借鉴。

（3）全面开展质量核查

全国共抽调普查专家和地方技术骨干300余人次，组建30个核查组，历时12天，以随机抽样的形式，对全国31个省（区、市）和新疆生产建设兵团开展普查质量核查（对青海和西藏先帮扶指导再质量核查）。全国共核查了工业源2 731家、农业源601家（畜禽规模养殖场）、生活源1 002家（行政村、入河/海排污口和非工业企业单位锅炉）、集中式污染治理设施312家（污水处理厂、垃圾处理厂和危废处理厂）、移动源379家。重点关注579个关键指标。

（4）核查结果

全国共核查关键指标616 154个，差错指标9 354个，指标差错率1.52%。其中：工业源共核查关键指标566 605个，差错指标8 434个，指标差错率1.49%；农业源共核查关键指标8 104个，差错指标

261 个，指标差错率 3.22%；生活源共核查关键指标 12 130 个，差错指标 362 个，指标差错率 2.98%；集中式污染治理设施共核查关键指标 5 133 个，差错指标 98 个，指标差错率 1.91%；移动源共核查关键指标 24 182 个，差错指标 199 个，指标差错率 0.82%。

2.2.5 总结发布

总结发布阶段的主要任务包括总结发布普查成果、开展成果分析、普查资料整理归档、验收与表扬等。

2.2.5.1 数据汇总分析

2019 年 9 月，部普查办编制印发《关于做好普查数据汇总审核比对工作的通知》，要求地方各级普查机构进一步做好普查数据汇总审核及比对分析工作，重点比对分析同口径下普查汇总数据与农业、统计、住建部门以及生态环境系统内部有关数据的一致性，对发现的问题认真进行督办整改，并根据整改后的最新数据编制完成数据汇总分析比对报告。

2019 年 10 月，部普查办组织技术支持单位集中开展数据汇总、比对分析和校核工作，重点与社会经济指标、环境统计结果进行对比，分析普查汇总数据的真实性、准确性、全面性，发现问题及时向地市和区县级普查机构反馈，要求整改核实。同时，组织各省普查办主任集中在北京进行现场整改，通过边分析、边发现、边反馈、边整改的方式对数据再次审核把关。通过多轮次反复的比对分析、问题反馈及整改核实，确保各地污染物产生和排放情况与当地经济发展水平、生态环境保护工作情况和环境质量状况等基本相符。2019 年 11 月底，第二次全国污染源普查数据库核定工作全面完成。

2.2.5.2 “一张图”平台开发

部普查办协同自然资源部地理信息管理司，组织中国测绘科学研究院开展第二次全国污染源普查成果空间综合展示与分析服务项目建设工作，整合国家基础地理信息数据、地理国情普查数据相关专题地理信息数据、人口和经济政务专题数据、污染源普查空间数据以及污染源普查成果统计数据，开展污染源普查“一张图”专题展示系统开发工作，形成污染源空间综合可视化专题成果数据库和多维统计数据库，构建污染源普查成果应用服务系统。

污染源普查“一张图”专题服务系统，采用微服务架构体系，开发污染源普查成果综合可视化和空间分析工具包，提供空间信息服务、基础地图组件、专题地图可视化组件、空间分析组件等，支持各种类型信息资源可视化和空间信息服务，并在此基础上提供二次开发 API，支持污染源普查成果可视化和为分析应用提供空间技术支持。

2.2.5.3 普查档案管理

为规范污染源普查档案管理，确保档案完整、准确、系统、安全和有效利用，根据《中华人民共和国档案法》《全国污染源普查条例》和国家有关规定，2018 年 5 月，生态环境部与国家档案局联合印发《污染源普查档案管理办法》（环普查〔2018〕30 号），对普查资料的归档范围、保管期限、整理归档、保管移交等提出明确的要求。

污染源普查档案管理工作由普查领导小组办公室统一领导，实行分级管理。各级普查机构负责本级污染源普查档案管理工作，接受同级档案行政管理部门和上级普查机构的监督和指导。各级普查机构委托第三方机构参与普查工作产生的文件材料，由被委托方负责收集、整理，并按规定移交委托方归档，委托方应当进行相关指导。为指导地方各级普查机构规范普查档案的整理归档和检查验收，部普查办先后于 2018 年 5 月在重庆、2019 年 7 月在青海西宁和辽宁兴城组织举办了 3 期全国污染源普查档案管理培训班，共 600 余人参加培训，有效提升了参训人员档案管理的业务水平。

各级普查机构按照《污染源普查档案管理办法》要求，建立相关工作制度和实施细则，将档案工作纳入日常管理，对普查档案管理人员进行系统培训，按照“一源一档”原则，分类收集纸质、电子文档及声像等普查资料，经认真审核后对其进行排列、装订、编号、盖章、编目、归档，做到了及时整理、真实完整、分类有序、安全存放。

普查成果总结发布阶段是普查档案形成的关键阶段，全国各地按照有关要求有序进行普查资料的整理归档工作。现阶段初步统计，地方各级普查机构共印发档案管理文件 4 492 个，建立档案管理系统 3 016 套，整理普查档案 136.45 万盒，其中管理类档案 8.26 万盒，污染源类档案 119.44 万盒，财务类档案 1.19 万盒，声像实物类档案 2 万盒，其他类档案 5.56 万盒（表 8）。

2.2.5.4 《第二次全国污染源普查公报》发布

《第二次全国污染源普查公报》（以下简称《普查公报》）是普查工作成果的重要体现，发布《普查公报》是普查工作的法定要求。部普查办于 2019 年 8 月启动《普查公报》编制工作，由生态环境部环境规划院提供技术支持，制定《普查公报》编制工作方案，明确工作内容、任务分工、时间节点等有关要求；9 月形成《普查公报》大纲，并组织各类源有关技术支持单位分工编写主体内容；10 月向赵英民副部长汇报两次，并根据指导意见修改完善；11 月形成征求意见稿，广泛征求普查领导小组成员单位、部内各司局及有关专家的意见，同时组织召开普查领导小组办公室会议进行论证，根据意见修改完善后形成审议稿；12 月经部长专题会、普查领导小组办公室会议和部常务会审议，根据审议情况修改完善后形成终稿报送国务院；2020 年 2 月 19 日生态环境部、国家统计局联合向国务院报请审议第二次全国污染源普查文件；5 月经李克强总理批示，国务院办公厅审议通过《普查公报》，同意向社会公布。2020 年 6 月 10 日国务院新闻办公室举行新闻发布会，生态环境部副部长赵英民同志宣布了普查结果，介绍《普查公报》有关情况，生态环境部第二次全国污染源普查工作办公室主任洪亚雄、国家统计局能源统计司司长刘文华、农业农村部科技教育司司长廖西元参加了发布会，共同回答了记者提出的问题。各省（区、市）也组织编制本行政区域的《普查公报》，经普查领导小组办公室审定同意后，报当地人民政府审核发布。截至目前，共有天津、河北、内蒙古、吉林、黑龙江、安徽、山东、广东、重庆、四川、云南、陕西、甘肃、青海、宁夏、新疆等 16 个省（区、市）公开发布了本行政区的《普查公报》。

表 8　全国各地区污染源普查档案管理情况汇总表

地区	管理类档案数量/盒				污染源类档案数量/盒				财务类档案数量/盒				声像实物类档案数量/(盒/套)				其他类档案数量/（盒/套）				合计
	永久	30 年	10 年	小计	永久	30 年	10 年	小计	永久	30 年	10 年	小计	永久	30 年	10 年	小计	永久	30 年	10 年	小计	
北京	348	275	178	801	1 203	1 278	3 552	6 033	56	31	19	106	52	19	21	92	15	73	47	135	7 167
天津	120	71	53	244	2 627	359	155	3 141	18	15	9	42	23	11	34	68	10	4	9	23	3 518
河北	976	796	517	2 289	31 747	5 691	12 949	50 387	96	143	95	334	195	140	201	536	74	1 317	727	2 118	55 664
山西	794	505	1 122	2 421	10 977	1 375	6 816	19 168	86	70	81	237	316	81	151	548	41	103	335	479	22 853
内蒙古	705	292	118	1 115	5 760	497	578	6 835	67	79	39	185	110	24	17	151	60	32	18	110	8 396
辽宁	1 028	706	459	2 193	16 324	3 333	23 430	43 087	37	196	19	252	139	75	92	306	36	63	70	169	46 007
吉林	491	392	490	1 373	6 624	1 014	2 124	9 762	72	104	72	248	156	59	65	280	116	112	143	371	12 034
黑龙江	417	483	676	1 576	3 779	813	2 778	7 370	80	40	36	156	102	49	87	238	50	14	122	186	9 526
上海	54	54	52	160	277	85	354	716	8	9	5	22	15	8	23	46	0	0	2	2	946
江苏	194	168	222	584	1 293	341	7 781	9 415	59	57	52	168	60	28	31	119	74	122	92	288	10 574
浙江	456	143	135	734	18 352	229	637	19 218	45	27	36	108	49	31	34	114	25	4	34	63	20 237
安徽	319	345	289	953	7 882	437	978	9 297	76	97	100	273	96	58	64	218	31	57	115	203	10 944
福建	456	522	684	1 662	33 971	926	7 102	41 999	78	55	51	184	129	65	105	299	49	32	139	220	44 364
江西	973	623	534	2 130	35 019	4 267	20 931	60 217	75	75	72	222	101	62	96	259	79	14	205	298	63 126
山东	1 002	881	1 105	2 988	37 353	12 386	29 687	79 426	365	277	388	1 030	2 649	162	269	3 080	75	67	1 018	1 160	87 684
河南	1 099	789	939	2 827	30 642	9 412	20 855	60 909	127	130	124	381	235	94	148	477	0	101	608	709	65 303
湖北	886	1 029	867	2 782	7 382	2 127	2 123	11 632	65	65	33	163	391	122	194	707	81	32	144	257	15 541
湖南	712	524	695	1 931	21 717	5 506	5 906	33 129	105	98	114	317	171	142	437	750	114	51	114	279	36 406
广东	767	769	663	2 199	14 839	3 013	27 225	45 077	124	144	164	432	279	96	305	680	75	79	246	400	48 788
广西	404	436	401	1 241	798	22 301	70	23 169	0	399	0	399	15	2	13	30	0	0	0	0	24 839

地区	管理类档案数量/盒				污染源类档案数量/盒				财务类档案数量/盒				声像实物类档案数量/(盒/套)				其他类档案数量/（盒/套）				合计
	永久	30 年	10 年	小计	永久	30 年	10 年	小计	永久	30 年	10 年	小计	永久	30 年	10 年	小计	永久	30 年	10 年	小计	
海南	12 201	9 803	10 199	32 203	288 566	75 390	176 031	539 987	1 639	2 111	1 509	5 259	5 283	1 328	2 387	8 998	1 005	2 277	4 188	7 470	593 917
重庆	388	372	421	1 181	5 580	686	2 369	8 635	19	42	14	75	92	31	34	157	21	18	44	83	10 131
四川	946	6 086	720	7 752	16 919	4 047	13 438	34 404	89	85	75	249	118	114	106	338	13 684	24 009	1 693	39 386	82 129
贵州	348	275	178	801	1 203	1 278	3 552	6 033	56	31	19	106	52	19	21	92	15	73	47	135	7 167
云南	601	255	390	1 246	14 720	8 318	1 430	24 468	74	48	55	177	75	27	34	136	73	135	47	255	26 282
西藏	371	192	217	780	1 645	177	252	2 074	42	28	27	97	43	16	20	79	36	44	37	117	3 147
陕西	1 070	435	637	2 142	15 388	1 438	893	17 719	65	47	18	130	242	37	110	389	110	15	56	181	20 561
甘肃	298	215	231	744	1 196	479	733	2 408	68	78	48	194	89	25	101	215	38	29	74	141	3 702
青海	224	200	316	740	834	475	1 180	2 489	14	4	7	25	9	2	12	23	8	2	14	24	3 301
宁夏	202	142	103	447	3 850	251	272	4 373	18	18	9	45	28	13	16	57	18	26	42	86	5 008
新疆	536	972	652	2 160	4 927	1 302	4 373	10 602	62	99	57	218	342	65	102	509	23	79	115	217	13 706
新疆生产建设兵团	110	63	61	234	391	41	780	1 212	19	11	10	40	16	10	8	34	1	5	8	14	1 534
合计	29 496	28 813	24 324	82 633	643 785	169 272	381 334	1 194 391	3 804	4 713	3 357	11 874	11 672	3 015	5 338	20 025	16 037	28 989	10 553	55 579	1 364 502

2.2.5.5 验收表扬工作

根据《普查方案》的规定，部普查办按照分级验收的原则，于 2019 年 12 月启动第二次全国污染源普查验收工作。但是受 2020 年 1 月暴发的新型冠状病毒肺炎疫情的影响，依据生态环境部领导“分步实施、压茬推进、成熟一个、验收一个”的要求，部普查办推迟了验收时间，将验收形式调整为视频验收。视频验收分为会前、会中、会后 3 个阶段：会前主要审阅普查目标完成情况，包括是否完成省级验收工作、是否编制完成工作总结报告、文件资料分类整理是否符合要求、普查数据是否经省级普查领导小组审定；会中是召开视频会议，审核普查工作完成情况，包括省级普查机构在前期准备、清查建库、全面普查阶段的工作开展和完成情况；会后要求各省根据会议要求修改完善并报送相关材料。通过会前材料审核、会中汇报质询和会后讨论形成验收意见的方式，部普查办于 4 月 15 日—6 月 9 日，分 4 批完成了全国的普查验收工作。

根据《全国污染源普查条例》中“对在污染源普查工作中做出突出贡献的集体和个人，应当给予表彰和奖励”的规定，国务院第二次全国污染源普查领导小组办公室对在第二次全国污染源普查工作中表现突出的 1 913 个集体、7 894 名个人予以表扬。同时部普查办对全国的技术报告和专题报告进行了评选，评选出优秀技术报告一等奖 24 个（省级 8 个、市级 16 个）、二等奖 33 个（省级 12 个、市级 21 个）、三等奖 40 个（省级 12 个、市级 28 个），优秀专题报告一等奖 11 个、二等奖 17 个、三等奖 20 个。

2.3 普查培训

在普查工作的各个阶段，根据工作需求，结合现场调研、工作调度和工作进展等情况，组织编写普查培训资料，在全国范围内举办内容丰富、形式多样的普查培训班。据统计，部普查办先后组织了 28 期、30 批次业务培训，内容涉及普查内容和技术路线说明、普查清查和入户调查有关文件解读、伴生放射性矿普查、各类源排放量核算、普查档案整理和保密管理、普查成果报告编制等，共培训省、市两级普查机构技术骨干、师资力量以及试点地区业务骨干 6 000 余人次，培训中同步录制 60 部培训视频，其中有 37 部已经制作成课件上传“全国环保网络学院”平台。同时，在入户调查和排放量核算等关键阶段，搭建网络培训和答疑平台，在线培训 10 余万人次；针对基础薄弱、条件艰苦的西藏和新疆，还专门组织了 3 期专题培训班，帮助和支持当地普查机构顺利推进工作。此外，农业农村部普查工作推进组组织举办了 4 期综合培训班、25 期专题培训班，现场培训省、市两级普查机构技术骨干、师资力量约 4 000 人次，各级农业源普查机构培训调查监测人员 3.5 万人次。

地方各级普查机构参照部普查办的培训模式和工作内容，组织举办普查培训班，新疆、西藏、青海、云南等省份克服地域条件，采取片区集中、在线培训、下沉基层等方式组织开展培训工作。据统计，全国各地共组织培训 32 096 个班次，培训约 201.1 万人次，培训合格 196.5 万人次（表 9），培训合格率达到 97.7%，培训效果良好。

表 9　全国各地区普查培训情况汇总表

地区	培训次数/次	参训人数/人次	合格人数/人
北京	228	29 422	27 397
天津	337	17 612	17 139
河北	2 834	143 797	139 562
山西	815	44 696	42 737
内蒙古	578	26 044	25 741
辽宁	1 122	80 170	79 737
吉林	698	35 568	35 360
黑龙江	1 172	34 011	32 420
上海	456	44 314	44 187
江苏	1 794	87 647	84 513
浙江	1 699	155 243	146 152
安徽	715	48 270	48 019
福建	1 133	68 440	66 430
江西	966	37 123	35 696
山东	4 379	400 600	398 851
河南	1 969	130 984	129 548
湖北	858	63 617	63 425
湖南	1 424	71 783	70 985
广东	2 020	127 601	123 635
广西	362	24 719	24 692
海南	147	5 950	3 666
重庆	444	29 572	29 139
四川	2 086	124 058	118 442
贵州	426	23 089	23 043
云南	562	47 699	47 699
西藏	75	1 778	1 778
陕西	791	36 730	36 132
甘肃	640	23 355	22 742
青海	140	5 213	5 138
宁夏	102	11 006	11 006
新疆	980	28 448	28 077
新疆生产建设兵团	144	2 246	2 246
合计	32 096	2 010 805	1 965 334

2.4 宣传动员

做好普查宣传动员，营造良好舆论氛围是顺利推进普查工作的重要保障。自普查开展以来，部普查办开展了大量宣传动员工作。

一是利用主流媒体开展宣传活动。在《人民日报》、新华社、中央电视台、中央人民广播电台等主流媒体及部分有影响力的都市媒体，突出报道普查工作进展。制作了2部宣传片和8张主题海报，在央视《焦点访谈》播出专题节目，在“中国之声”滚动播出普查公益报时。

二是构建多渠道宣传模式。召开例行新闻发布会；在生态环境部网站和《中国环境报》开通普查专栏，普查新闻入驻《中国环境报》客户端，制作“一图读懂二污普”；运行普查官方“两微”，微博发布文章760条，阅读量达122.9万人次，微信推送739篇，图文阅读量达165.4万人次。同时，充分发挥“环保大V”的作用，扩大普查影响力。

三是开展系列征文活动。包括“我为普查献一策”“入户调查经验谈”“很幸运，十年一次的普查被我遇见”等主题征文，调动各级参与普查的积极性，收到各地来稿500多篇，在《中国环境报》、普查“两微”连续刊登，共刊发相关稿件近百篇。

四是制作形式多样的宣传材料。与中宣部联合印发《第二次全国污染源普查宣传工作方案》，编写培训教材、科普知识手册等，编印多期《工作简报》；制作9个数据审核相关宣传视频，通过“两微”、QQ群、网盘等上传供各地学习参考，仅“两微”上的观看量就超两万人次，不断提高各地普查数据审核质量。

五是指导各地开展各类宣传活动。指导各地充分发挥报刊、电视、网络和新媒体作用，开展面向普查对象和公众的宣传活动，推进普查宣传进基层、进乡镇、进社区、进企业。

地方各级普查机构也紧密结合本地普查工作需求，组织开展了形式多样的宣传活动，为普查工作营造了良好的舆论氛围。例如，山东省借助“六五环境日”开展普查宣传活动，通过在活动现场布置展板，发放宣传帽、致普查对象的一封信等宣传材料，播放普查微视频等多种方式，向公众宣传普查工作。辽宁省在沈阳举办辽宁省暨沈阳市及周边城市“美丽中国　我是行动者”主会场活动，深入宣传普查工作开展情况。此外，山东省、湖北省黄石市、陕西省咸阳市等地区还开展了“最美普查人”评选活动，弘扬生态环境保护铁军的奉献精神及宣传广大普查工作者干事创业的精神。河北省、云南省制作了普查主题动漫小视频，在相关媒体平台上播放。陕西省铜川市印制了污染源普查主题年画，向广大社会公众发放。

据统计，地方各级普查机构利用报纸、杂志刊登普查有关报道14 358条，设置普查专栏9 051个，编写工作简报33 046期，开通普查专题网站（网页）16 834个，发布普查会议专题报道18 775次，印制普查宣传标语448 726幅、宣传海报1 195 522幅、宣传画2 841 622幅，发放普查公开信7 503 860份，制作发布户外普查广告212 910个，公开发布普查宣传小视频6 510个（表10）。

表 10 全国各地区普查宣传工作情况汇总表

地区	报纸杂志报道/条	普查专栏/个	工作简报/期	网站网页/个	会议专题/次	宣传标语等/幅	海报/幅	宣传画/幅	公开信/份	户外广告/个	小视频/个
北京	15	7	276	116	41	112	82	80	284 300	8 462	14
天津	34	33	406	383	204	2 254	13 741	22 301	33	3 445	36
河北	211	184	4 080	552	1 524	11 530	24 033	151 284	619 419	50 427	313
山西	138	111	1 562	43	659	24 813	116 775	184 047	155 200	16 784	59
内蒙古	2 653	105	1 371	327	411	1 610	28 638	230 051	111 439	230	3 017
辽宁	170	106	1 515	148	383	2 436	10 469	65 039	246 666	140	106
吉林	341	35	1 075	247	177	38 259	31 256	276 860	96 425	1 690	99
黑龙江	3 194	136	605	186	368	6 351	10 215	33 245	111 983	370	203
上海	40	47	162	83	202	801	26 598	14 053	70 610	114	19
江苏	201	2 443	773	9 505	231	15 064	7 900	26 477	318 366	12 328	73
浙江	309	159	650	347	527	11 336	259 837	101 347	1 318 945	905	123
安徽	223	136	204	255	3 745	12 987	15 699	94 758	153 706	13 501	60
福建	292	120	631	659	503	6 507	26 683	182 332	242 156	1 009	38
江西	238	182	1 032	246	735	7 811	4 612	28 806	79 610	2 694	72
山东	517	921	861	433	740	16 465	46 415	47 680	234 191	6 006	103
河南	200	643	3 191	146	1 015	52 029	42 992	244 641	334 871	12 022	213
湖北	221	455	1 441	384	490	9 094	33 029	38 907	187 319	24 436	204
湖南	698	559	694	267	769	21 371	43 188	43 687	252 750	7 692	122
广东	332	462	1 021	385	766	107 862	198 525	283 385	1 172 428	4 496	115
广西	28	64	63	92	109	3 552	19 652	18 977	123 566	694	6
海南	63	35	340	68	272	8 036	5 164	19 457	27 407	43	80
重庆	386	610	726	174	773	11 476	30 728	93 527	251 350	556	24
四川	2 920	532	3 043	576	1 236	40 227	71 769	225 510	274 529	19 044	462
贵州	233	178	843	108	333	6 738	44 984	41 325	77 547	996	57
云南	339	210	1 624	124	694	6 733	20 406	60 622	170 332	14 290	46
西藏	41	70	503	29	132	1 417	6 147	5 979	2 862	86	10
陕西	120	177	1 250	568	756	10 065	46 401	146 877	155 760	6 911	91
甘肃	74	140	918	112	312	2 000	2 484	54 462	222 412	2 371	57
青海	15	43	425	8	183	2 501	457	35 554	30 991	89	0
宁夏	29	37	297	115	123	4 143	1 717	11 438	94 975	131	11
新疆	54	63	1 386	135	316	1 053	1 363	45 412	75 690	943	47
新疆生产建设兵团	29	48	78	13	46	2 093	3 563	13 502	6 022	5	630
合计	14 358	9 051	33 046	16 834	18 775	448 726	1 195 522	2 841 622	7 503 860	212 910	6 510

2.5 普查质量管理与评估

普查数据质量是普查工作的生命线，普查领导小组自普查启动之初就十分重视普查数据质量管理，制定了一系列普查质量管理、质量控制、质量核查等相关文件，形成了完整的质量控制体系，指导全国各地扎实抓好普查数据质量管理工作。各级普查机构建立普查责任体系，制定普查质量管理岗位责任制、普查数据质量溯源制等制度。通过明确质量核查技术要点与评估标准，规范数据采集、数据汇总审核、数据质量评估方法和要求，组织多轮次区域核查和质量抽查等手段，确保普查结果真实、准确、全面。

农业农村部普查工作推进组牵头组织农业源普查质量管理工作，建立了覆盖农业源普查全过程的“国家—地方—实施机构—实施人员”四级联动质控机制，组建了质控专家组，确保普查工作质量全程痕迹化管理，数据质量全程可追溯。在数据采集、上报、入库等各个阶段，全方位进行“全流程、全要素、可追溯”的数据质量控制工作，确保农业源普查数据满足质量要求。

2.5.1 质量管理

普查过程中在清查、入户调查、汇总审核各个阶段都开展了全方位的质量管理工作。

（1）清查阶段

按照《第二次全国污染源普查清查技术规定》要求，各地在清查阶段，按照“应查尽查、不重不漏”的原则，对本行政区域范围内的全部工业企业和产业活动单位、规模化畜禽养殖场、集中式污染治理设施、非工业企业单位锅炉和入河（海）排污口逐一开展清查。

按照《关于做好第二次全国污染源普查清查工作的通知》要求，省、市两级普查机构要做好对县级普查机构清查结果的现场抽查、抽样复核和质量评估，区县级普查机构做好数据自查自检。清查结果不满足质量管理要求的，视情况要求开展补充清查或重新清查。

（2）入户调查阶段

入户调查阶段的质量管理重点从普查机构、普查员和普查指导员、普查对象 3 个方面明确提出质量管理有关要求。

普查机构方面：逐级确定普查质量管理责任人，提前告知普查对象普查数据填报的内容、注意事项以及普查对象的权利和义务等相关事项，对填报难度较大的企业可采取集中宣讲培训方式。协调软件技术服务部门做好数据采集期的技术支持和咨询服务。

普查员和普查指导员方面：配备普查证件、移动采集终端设备、入户调查数据质量控制清单等，做好入户调查准备。准确理解调查内容，制订数据采集计划，在约定时间开展数据采集工作。普查指导员指导并监督普查员做好入户调查及质量控制工作。对普查名单中无法填报的普查对象需备注说明原因，并提供佐证材料，报告普查指导员，经普查指导员核实后上报区县级普查机构汇总。发现清查名录中遗漏的普查对象及时报告当地普查机构，并补充纳入普查。

普查对象方面：指定专人收集普查对象基本信息、物料消耗记录、原辅材料凭证、生产记录、污染治理设施运行和污染物排放监测记录以及其他与污染物产生、排放和处理处置相关的原始资料，负责普查表的接收、填报，做好普查相关文件及清单的交接记录，同时做好普查数据的建档备查。

（3）汇总审核阶段

《第二次全国污染源普查质量控制技术指南》（国污普〔2018〕18 号）规定了数据汇总审核的技术方法：一是各级普查机构按照管辖权限对普查数据进行审核，指定专人负责、专人检查，数据审核通过后逐级上报。二是各级普查机构采取集中审核、多部门联合会审和专家审核等方式，审核汇总数据，同时抽取一定比例的普查对象原始数据对其进行细化审核。不满足数据质量要求的退回整改。三是区域汇总数据审核，对数据完整性、逻辑性、一致性、合理性逐一进行审核。其中合理性包括区域、行业总量数据的合理性，汇总表表内或表间相关指标的协调性，同一地区各类源、各行业产能、产量及主要污染物排放占比的合理性，不同地区同一行业相关指标总量数据的合理性等。四是各级普查机构抽样选取一定数量的普查对象对其开展数据现场复核或报表审核，普查指导员开展普查小区数据审核。有条件的地区，乡镇对全部报表开展初审，对照入户调查对象名录审核普查对象完整性；市级和县级普查机构重点审核数据的完整性、逻辑性、一致性和规范性，组织开展分源数据随机抽样复核。五是各级普查机构加强对重点区域、重点行业、重点污染源的数据审核。对于区域总量和行业分布明显不合理的追本溯源，核实原始报表数据。

为全面做好普查质量管理工作，部分地区在认真贯彻落实部普查质量管理有关要求的同时，还充分发挥主观能动性，开拓创新，开展了很多特色性的质量管理工作。例如：云南省开发了普查阶段强制审核系统，设立 1 800 余个强制审核规则开展强制审核、统计和调度。针对 106-1 报表填报滞后及填报质量问题，开发了 106-1 报表专项审核系统，按流程分县市、分企业对存在的问题开展专题审核调度，并在调度流程上找准 4 个关键节点，按节点导出存在的问题企业清单，便于问题整改，进一步提高数据质量。入户调查阶段，云南省后台扫描 129 608 万项指标，形成质控结果总数 4 168 万条，发现错误指标总数 919 566 个。陕西省采取了及时答疑措施，在各普查阶段，安排专人在各类平台随时解答问题，对较为复杂的问题，建立台账，集体研讨，统一答复。先后答疑 20 000 余条，集中发放答疑文档 10 次，共计 1 100 余条，赴各地市现场答疑 21 场次。河北省结合本省实际，将系统审核与人工审核相结合，梳理、确定审核细则，嵌入河北省污染源环境管理数据平台的审核模块，实现海量数据自动审核，有效提高了全省普查数据审核效率；在人工审核方面建立了整改确认单制度，实现了“发现问题数据—添加审核意见—生成《整改通知单》—开展整改—填写上报《整改确认单》”的闭环留痕管理模式，确保审核发现的质量问题整改落实到位。

全国各地在普查各阶段组织开展的质量核查工作情况见表 11。

表 11 全国各地区普查质量核查工作情况汇总表

地区	清查阶段质量核查			入户调查阶段质量核查			数据审核汇总阶段质量核查		
	核查区域总数	抽取样本总数	合格样本总数	核查区域总数	抽取样本总数	合格样本总数	核查区域总数	抽取样本总数	合格样本总数
北京	309	17 025	8 649	296	11 139	10 741	238	22 570	22 009
天津	602	10 824	10 564	580	6 838	6 643	629	15 298	14 947
河北	771	29 009	28 434	783	20 124	19 113	863	59 203	16 699
山西	152	21 065	20 397	156	11 408	11 141	154	80 912	79 328
内蒙古	150	5 531	5 078	211	6 783	4 264	144	6 514	4 851
辽宁	144	19 472	17 822	144	18 207	15 714	144	26 317	24 269
吉林	133	9 016	8 582	128	7 499	6 021	136	8 300	7 572
黑龙江	1 324	19 435	17 579	1 489	14 011	12 537	1 327	27 575	26 230
上海	1 159	15 282	15 094	1 252	51 228	49 949	1 045	10 198	10 052
江苏	644	39 216	37 217	798	43 607	40 532	691	49 990	47 400
浙江	1 488	58 381	56 167	1 508	61 882	54 377	1 537	41 892	40 166
安徽	555	28 830	27 429	529	24 521	22 848	537	18 729	17 945
福建	455	29 892	27 439	608	11 737	10 372	476	12 009	10 854
江西	430	13 203	12 680	556	13 785	13 058	614	21 384	20 612
山东	697	44 153	42 791	669	24 281	22 823	881	38 648	37 801
河南	481	39 099	37 827	522	13 771	12 181	493	19 667	17 489
湖北	146	21 933	18 481	147	29 911	21 755	145	29 733	25 043
湖南	400	19 907	19 182	508	18 091	16 894	452	78 825	78 166
广东	1 238	41 149	38 582	1 488	50 267	41 811	1 391	47 352	42 275
广西	233	18 000	16 563	257	16 167	15 533	233	43 352	43 119
海南	164	3 963	3 881	159	5 441	5 304	162	7 017	6 828
重庆	2 955	53 396	51 116	3 293	22 225	20 199	3 459	209 641	207 240
四川	11 043	46 711	43 226	15 223	40 938	37 035	22 745	65 471	57 188
贵州	210	6 753	6 468	253	13 076	12 237	268	814 435	805 046
云南	499	12 554	11 435	657	15 025	13 163	620	18 917	17 230
西藏	115	1 523	1 406	119	1 346	1 210	112	1 406	1 331
陕西	286	33 645	32 330	285	45 332	43 584	251	14 499	13 419
甘肃	901	11 331	10 338	630	7 076	6 578	613	16 101	15 718
青海	3 467	3 075	3 011	5 739	5 263	5 024	5 723	12 877	12 609
宁夏	133	11 764	11 499	178	7 048	5 638	106	69 350	68 318
新疆	1 998	18 938	17 599	983	24 324	22 316	990	24 697	22 809
新疆生产建设兵团	1 057	4 110	4 010	1 107	3 573	3 406	67	1 930	1 877
合计	34 339	708 185	662 876	41 255	645 924	584 002	47 246	1 914 809	1 816 440

2.5.2 质量评估

各级普查机构严格按照《普查方案》中规定的对象、范围和内容认真开展工作，技术路线和调查方法符合全国统一的技术规定和工作要求，各个阶段都严格执行科学的质量保证措施。

在前期准备、普查清查和入户调查后期，国家和省、市级普查机构均按要求组织开展质量核查与评估工作。根据部普查办组织的质量核查结果，清查阶段清查对象漏查率为 1.8%（小于 2%），评估等级为优；入户调查阶段的普查指标差错率为 1.52%（小于 2%），评估等级为优。

为客观准确地反映普查工作质量，在质量核查工作完成后，部普查办委托生态环境部环境规划院组织开展了第三方评估。按照有关程序要求，委托中国科学院地理科学与资源研究所等 15 家单位负责第三方评估工作的具体实施。评估内容依据经过专家论证的《第二次全国污染源普查第三方评估工作方案》进行，主要从普查工作完成情况和普查数据质量两方面对国家和省级层面开展第三方评估，独立客观地评估普查工作完成情况。

2019 年 9—10 月，第三方机构分 3 轮开展了现场评估，覆盖全国 32 个省级行政区域，同步开展国家层面的评估。从评估初步结果看，国家和各省级评估机构总体上按照《普查方案》规定内容完成了各项普查任务。第三方机构通过软件审核、现场复核相结合的方式，对随机抽取的 55 243 个工业源、7 508 个农业源（畜禽规模养殖场）、4 640 个生活源（入河/海排污口和非工业企业单位锅炉）、1 556 个集中式污染治理设施和 1 707 个加油站、储油库、油品运输企业进行评估。结果显示，此次普查工作漏查率 1.8‰，指标填报综合差错率 5.3‰，数据质量符合预期要求。

综合质量核查结果、第三方评估结果和汇总数据分析结果可以得出如下判断：第二次全国污染源普查工作扎实，所获取的普查基础数据质量可靠，据此核算的各类污染物产生量和排放量科学合理，没有明显逻辑错误，能够客观地反映我国 2017 年各类污染源分布及主要污染物排放情况，达到了《普查方案》的目标要求。

3

普查主要成果

3.1 掌握了各类污染源的数量和分布情况

（1）总体情况

全国普查对象数量 358.32 万个（不含移动源）。其中入户调查对象数量 357.97 万个，包括工业源 247.74 万个，畜禽规模养殖场 37.88 万个，生活源 63.95 万个，集中式污染治理设施 8.40 万个；以行政区为单位的普查对象数量 3 497 个。另外，机动车保有量 2.67 亿辆，工程机械保有量 413.20 万台，农业机械柴油总动力 7.62 亿千瓦，营运船舶数量 27.82 万艘，国家铁路内燃机车燃油消耗量 246.18 万吨，民航飞机起降架次 1 024.89 万次。

（2）地区分布情况

全国入户调查数量最多的地区是广东省 60.80 万个，其次是浙江省 49.77 万个，江苏省 30.11 万个，山东省 26.56 万个，河北省 22.27 万个，累计占本次普查全国入户调查污染源总数的 52.94%。

工业企业普查对象在东部地区分布较集中，从东部向西部逐渐减少。广东省、浙江省、江苏省、山东省、河北省的工业企业普查对象总数合计占全国工业企业普查对象总数的 62.61%。

畜禽规模养殖场的分布从西部向东部逐渐增加。河南省、山东省、辽宁省、广东省、河北省的畜禽规模养殖场数量合计占全国畜禽规模养殖场总数的 43.96%。

非工业企业单位锅炉集中分布在北方地区。北京市、陕西省、河北省、山西省和黑龙江省数量居前列，占全国总数的 42.09%。

加油站、储油库在京津冀及周边地区分布较为集中。山东省、河北省、河南省、广东省和江苏省数量居前列，占全国总数的 36.62%。

集中式污染治理设施集中分布在东南地区。浙江省、江苏省、广东省、四川省、福建省的集中式污染治理设施合计占全国集中式污染治理设施总数的 64.68%。其中：集中式污水处理厂普查对象共 7.80 万个，浙江省、江苏省、广东省、四川省、福建省数量居前列，占全国总数的 67.46%。

生活垃圾集中处理厂普查对象共 4 449 个，四川省、湖南省、陕西省、广西壮族自治区、新疆维吾尔自治区数量居前列，占全国总数的 39.83%。

危险废物集中处理厂普查对象共 1 467 个，江苏省、广东省、浙江省、山东省、吉林省数量居前列，占全国总数的 49.01%。

（3）工业行业分布情况

工业源普查范围包括 41 个大类行业，普查对象数量居前 5 位的依次是金属制品业 31.19 万个，非金属矿物制品业 23.08 万个，通用设备制造业 22.68 万个，橡胶和塑料制品业 18.96 万个，纺织服装、服饰业 13.44 万个，累计占全国工业源普查对象总数的 44.14%。

①金属制品业：普查对象总数为 31.19 万个，广东省、浙江省、江苏省、河北省、山东省居前 5 位，合计占全国金属制品业总数的 74.51%。

②非金属矿物制品业：普查对象总数为 23.08 万个，广东省、山东省、河南省、河北省、江苏省居

前 5 位，合计占全国非金属矿物制品业总数的 38.76%。

③通用设备制造业：普查对象总数为 22.68 万个，浙江省、江苏省、广东省、山东省、河北省居前 5 位，合计占通用设备制造业总数的 74.31%。

④橡胶和塑料制品业：普查对象总数为 18.96 万个，广东省、浙江省、江苏省、山东省、河北省居前 5 位，合计占全国橡胶和塑料制品业总数的 76.54%。

⑤纺织服装、服饰业：普查对象总数为 13.44 万个，广东省、浙江省、江苏省、安徽省、福建省居前 5 位，合计占纺织服装、服饰业总数的 77.86%。

3.2 了解了主要污染物的产生和排放情况

3.2.1 水污染物

（1）总体情况

产生量：化学需氧量 13 899.43 万吨，氨氮 444.59 万吨，总氮 994.21 万吨，总磷 143.99 万吨，动植物油 45.55 万吨，石油类 8.28 万吨，挥发酚 5.86 万吨，氰化物 0.41 万吨，重金属总计 1.45 万吨，其中铅 0.26 万吨，汞 71.56 吨，镉 404.88 吨，铬 1.03 万吨，类金属砷 0.11 万吨。

排放量：化学需氧量 2 143.98 万吨，氨氮 96.34 万吨，总氮 304.14 万吨，总磷 31.54 万吨，动植物油 30.97 万吨，石油类 0.77 万吨，挥发酚 244.10 吨，氰化物 54.73 吨，重金属总计 182.54 吨，其中铅 52.32 吨，汞 2.06 吨，镉 8.43 吨，铬 76.42 吨，类金属砷 43.31 吨。

（2）流域分布情况

七大流域（长江、黄河、珠江、松花江、淮河、海河、辽河，下同）水污染物排放量：化学需氧量 1 957.48 万吨，氨氮 85.64 万吨，总氮 272.27 万吨，总磷 28.49 万吨，动植物油 28.00 万吨，石油类 0.69 万吨，挥发酚 203.55 吨，氰化物 46.84 吨，重金属 154.94 吨。

排放量方面，由于流域面积大、涉及省份多，化学需氧量、氨氮、总氮和总磷等污染物在长江、珠江和淮河流域排放量较大。

单位水资源量排放强度方面，化学需氧量、氨氮、总氮和总磷等污染物在海河、辽河和淮河流域较大。

（3）地区分布情况

化学需氧量、氨氮、总氮、总磷等污染物，华北地区、华中地区和华南地区的部分省份排放量较大。

化学需氧量：广东省、河南省、江苏省、山东省、湖北省排放量居前列，合计占全国化学需氧量的 33.65%。

氨氮：广东省、湖南省、江苏省、广西壮族自治区、四川省排放量居前列，合计占全国氨氮的 37.35%。

总氮：广东省、江苏省、广西壮族自治区、湖南省、湖北省排放量居前列，合计占全国总氮的 35.57%。

总磷：广东省、湖南省、广西壮族自治区、湖北省、江苏省排放量居前列，合计占全国总磷的 37.44%。

挥发酚：山东省、湖南省、江苏省、河北省、山西省排放量居前列，合计占全国挥发酚的 61.04%。

氰化物：河北省、江苏省、湖北省、辽宁省、安徽省排放量居前列，合计占全国氰化物的 41.59%。

重金属：江西省、河北省、四川省、江苏省、广东省排放量居前列，合计占全国重金属的 47.80%。

（4）工业行业分布情况

化学需氧量排放量居前 3 位的行业为农副食品加工业 17.90 万吨，化学原料和化学制品制造业 11.92 万吨，纺织业 10.98 万吨，合计占工业化学需氧量排放量的 44.85%。

氨氮排放量居前 3 位的行业为化学原料和化学制品制造业 1.09 万吨，农副食品加工业 0.63 万吨，纺织业 0.34 万吨，合计占工业氨氮排放量的 46.29%。

总氮排放量居前 3 位的行业为化学原料和化学制品制造业 3.84 万吨，农副食品加工业 2.03 万吨，纺织业 1.84 万吨，合计占工业总氮排放量的 49.52%。

总磷排放量居前 3 位的行业为农副食品加工业 2 637.74 吨，化学原料和化学制品制造业 948.79 吨，食品制造业 806.89 吨，合计占工业总磷排放量的 55.61%。

石油类排放量居前 3 位的行业为汽车制造业 1 295.99 吨，金属制品业 1 117.91 吨，石油、煤炭及其他燃料加工业 731.69 吨，合计占工业石油类排放量的 40.85%。

挥发酚排放量居前 3 位的行业为石油、煤炭及其他燃料加工业 160.39 吨，化学原料和化学制品制造业 46.44 吨，黑色金属冶炼和压延加工业 17.74 吨，合计占工业挥发酚排放量的 92.00%。

氰化物排放量居前 3 位的行业为石油、煤炭及其他燃料加工业 19.78 吨，化学原料和化学制品制造业 15.02 吨，黑色金属冶炼和压延加工业 7.28 吨，合计占工业氰化物排放量的 76.89%。

重金属排放量居前 3 位的行业为有色金属矿采选业 32.17 吨，金属制品业 26.06 吨，有色金属冶炼和压延加工业 24.26 吨，合计占工业重金属排放量的 46.76%。

3.2.2 大气污染物

（1）总体情况

产生量：二氧化硫 4 682.91 万吨，氮氧化物 2 623.30 万吨，颗粒物 88 987.13 万吨，挥发性有机物 1 156.81 万吨，重金属总计 5.69 万吨，其中铅 3.05 万吨，汞 0.13 万吨，镉 0.20 万吨，铬 1.83 万吨，类金属砷 0.48 万吨。

排放量：二氧化硫 696.32 万吨，氮氧化物 1 785.22 万吨，颗粒物 1 684.05 万吨，挥发性有机物 1 017.45 万吨，氨 551.37 万吨，重金属总计 2 630.83 吨，其中铅 1 423.65 吨，汞 318.59 吨，镉 104.71 吨，铬 501.16 吨，类金属砷 282.72 吨。

（2）重点区域分布情况

重点区域（京津冀及周边地区、长三角地区、汾渭平原地区，下同）大气污染物排放量：二氧化硫 179.08 万吨，氮氧化物 602.47 万吨，颗粒物 363.48 万吨，挥发性有机物 417.87 万吨，氨 190.37 万吨，重金属总计 535.35 吨，其中铅 286.05 吨，汞 87.96 吨，镉 16.35 吨，铬 104.02 吨，类金属砷 40.97 吨。

（3）地区分布情况

二氧化硫：山东省、山西省、贵州省、河北省、内蒙古自治区排放量居前列，合计占全国二氧化硫的 32.07%。

氮氧化物：河北省、山东省、江苏省、河南省、广东省排放量居前列，合计占全国氮氧化物的 34.85%。

颗粒物：内蒙古自治区、辽宁省、山西省、黑龙江省、江西省排放量居前列，合计占全国颗粒物的 31.78%。

挥发性有机物：江苏省、山东省、广东省、浙江省、河北省排放量居前列，合计占全国挥发性有机物的 43.60%。

氨：山东省、河南省、河北省、湖南省、江苏省排放量居前列，合计占全国氨的 38.41%。

重金属：内蒙古自治区、云南省、辽宁省、江西省、湖南省排放量居前列，合计占全国重金属的 40.87%。

（4）工业行业分布情况

二氧化硫排放量居前 3 位的行业为电力、热力生产和供应业 146.26 万吨，非金属矿物制品业 124.59 万吨，黑色金属冶炼和压延加工业 82.31 万吨，合计占工业二氧化硫排放总量的 66.75%。

氮氧化物排放量居前 3 位的行业为非金属矿物制品业 173.97 万吨，电力、热力生产和供应业 169.24 万吨，黑色金属冶炼和压延加工业 143.42 万吨，合计占工业氮氧化物排放总量的 75.34%。

颗粒物排放量居前 3 位的行业为非金属矿物制品业 371.62 万吨，煤炭开采和洗选业 193.13 万吨，黑色金属冶炼和压延加工业 131.12 万吨，合计占工业颗粒物排放总量的 54.77%。

挥发性有机物排放量居前 3 位的行业为化学原料和化学制品制造业 107.57 万吨，石油、煤炭及其他燃料加工业 67.75 万吨，橡胶和塑料制品业 40.36 万吨，合计占工业挥发性有机物排放总量的 44.78%。

氨排放量居前 3 位的行业为化学原料和化学制品制造业 6.70 万吨，金属制品业 1.04 万吨，汽车制造业 0.47 万吨，合计占工业氨排放总量的 90.02%。

大气重金属排放量居前 3 位的行业为有色金属矿采选业 648.57 吨，有色金属冶炼和压延加工业 592.89 吨，电力、热力生产和供应业 332.29 吨，合计占工业大气重金属排放总量的 60.16%。

3.2.3 固体废物

（1）总体情况

一般工业固体废物产生量 38.68 亿吨，综合利用量 20.62 亿吨（其中综合利用往年贮存量 3 497.84 万吨），处置量 9.43 亿吨（其中处置往年贮存量 3 525.71 万吨），本年贮存量 9.31 亿吨，倾倒丢弃量 158.98 万吨。

秸秆产生量为 8.05 亿吨，秸秆可收集资源量 6.74 亿吨，秸秆利用量 5.85 亿吨。

种植业地膜使用量 141.93 万吨，多年累积残留量 118.48 万吨。

（2）地区分布情况

一般工业固体废物产生量居前 5 位的为山西省 4.35 亿吨，内蒙古自治区 3.48 亿吨，河北省 3.40 亿吨，山东省 2.85 亿吨，辽宁省 2.33 亿吨，合计占一般工业固体废物产生量的 42.43%。

一般工业固体废物综合利用量居前 5 位的为山东省 2.32 亿吨，河北省 1.77 亿吨，山西省 1.63 亿吨，安徽省 1.26 亿吨，江苏省 1.23 亿吨，合计占一般工业固体废物综合利用量的 39.82%。

（3）行业分布情况

一般工业固体废物产生量居前 3 位的为电力、热力生产和供应业 6.85 亿吨，有色金属矿采选业 5.63 亿吨，黑色金属矿采选业 5.47 亿吨，合计占一般工业固体废物产生量的 46.43%。

一般工业固体废物综合利用量居前 3 位的为电力、热力生产和供应业 5.12 亿吨，黑色金属冶炼和压延加工业 4.31 亿吨，煤炭开采和洗选业 2.20 亿吨，合计占一般工业固体废物综合利用量的 56.40%。

（4）种类分布情况

一般工业固体废物产生量居前 3 位的为尾矿 9.69 亿吨，粉煤灰 4.93 亿吨，煤矸石 4.33 亿吨，合计占一般工业固体废物产生量的 49.0%。

3.2.4 危险废物

（1）总体情况

2016 年危险废物历史贮存量 8 272.49 万吨，2017 年危险废物产生量 6 581.45 万吨，综合利用和处置量 5 972.78 万吨，2018 年年末累积贮存量 8 881.16 万吨。

（2）地区分布情况

危险废物产生量居前 5 位的为山东省 854.01 万吨，湖南省 630.52 万吨，江苏省 531.03 万吨，浙江省 391.33 万吨，广东省 343.09 万吨，合计占危险废物产生量的 41.78%。

危险废物综合利用和处置量居前 5 位的为山东省 725.97 万吨，湖南省 632.89 万吨，江苏省 501.43 万吨，浙江省 372.08 万吨，内蒙古自治区 332.76 万吨，合计占危险废物综合利用和处置量的 42.95%。

危险废物 2017 年年末累积贮存量居前 5 位的为青海省 6 065.03 万吨（主要是石棉废物），云南省 681.38 万吨，吉林省 643.86 万吨，山东省 350.22 万吨，辽宁省 202.63 万吨，合计占年末累积贮存量的 89.44%。

（3）行业分布情况

危险废物产生量居前 3 位的为化学原料和化学制品制造业 1 323.3 万吨，有色金属冶炼和压延加工业 1 127.25 万吨，石油、煤炭及其他燃料加工业 843.64 万吨，合计占危险废物产生量的 50.05%。

3.2.5 伴生放射性矿

（1）企业分布情况

伴生放射性矿指原矿、中间产品、尾矿（渣）或者其他残留物中铀（钍）系单个核素含量超过 1 贝可/克的非铀（钍）矿。普查对象主要为可能伴生天然放射性核素的15个类别［稀土、铌/钽、锆石和氧化锆、锡、铅/锌、铜、钢铁、磷酸盐、煤（包括煤矸石）、铝、钒、钼、金、锗/钛、镍］矿产采选、冶炼和加工产业活动单位。

通过对8类重点行业2.97万家企业进行检测筛查，确定伴生放射性矿开发利用企业（以下简称伴生放射性矿企业）共464家，其中，采选企业为259家，冶炼加工企业为205家。锆石和氧化锆、稀土矿产采选冶炼加工企业数量居多，分别为92家和89家，占19.83%和19.18%。

湖南省、广东省、广西壮族自治区伴生放射性矿企业数量居前列，分别为56家、51家和50家，占12.07%、10.99%和10.78%。

（2）伴生放射性固体废物分布情况

全国伴生放射性固体废物累积贮存量为20.30亿吨。内蒙古自治区的伴生放射性固体废物累积贮存量最大，为20.20亿吨（其中内蒙古自治区包钢钢联股份有限公司巴润矿业分公司、内蒙古自治区包钢钢联股份有限公司选矿厂和包钢（集团）公司白云鄂博铁矿3家企业伴生放射性固体废物累积贮存量为20.12亿吨），占99.50%；其次是广西壮族自治区，为439.83万吨，占0.22%；江西省、湖南省、四川省、云南省和陕西省均超过50.00万吨。伴生放射性固体废物累积贮存量最多的矿产为铁，为20.23亿吨，占99.62%；其次是铝、稀土等矿产，分别为424.06万吨和118.02万吨。

放射性活度浓度超过10贝可/克的伴生放射性固体废物累积贮存量为224.36万吨，主要为稀土、铌/钽、锆石和氧化锆、铅/锌、锗/钛、铁等矿产采选加工固体废物。云南省的累积贮存量为202.20万吨，占90.91%。

放射性活度浓度超过100贝可/克的伴生放射性固体废物累积贮存量为2.16万吨，主要为稀土矿产采选加工固体废物。湖南省和广东省的累积贮存量较大，分别为1.61万吨、0.53万吨，占74.81%、24.69%。

3.3 建立了污染源信息数据库

基于各类污染源普查基本信息、活动水平、污染物产生、治理和排放信息采集，普查地理空间信息采集以及普查产排污核算方法，建立了污染源名录，采集了污染源基本地理空间信息，建立了重点污染源档案及污染源信息数据库，形成了“一套数”“一张图”“一套核算方法”，目的是为加强污染源监管、改善环境质量、防控环境风险、服务环境与发展综合决策提供依据。

经统计，普查业务数据库共1 800余张数据库表，1.5万余个数据字段，国家业务数据采集结果库包含约1.5亿条数据记录，数据容量共200GB；各省业务数据采集过程数据库数据容量合计约2TB。普查空间信息采集数据库包含100余张数据库表，1 400余个数据字段，国家普查空间信息数据库包含约2.84亿条数据记录，数据库容量26GB；各省普查空间信息采集过程数据库容量合计约48GB。国家基础地理底图数据约42TB，采集的普查对象排口和设施附件图片约900万张，数据容量约20TB。

4

普查工作特点

4.1 领导重视是确保普查工作顺利开展的根本保证

党中央、国务院高度重视普查工作，印发了《关于开展第二次全国污染源普查的通知》，成立了普查领导小组及其办公室，张高丽副总理、韩正副总理先后担任普查领导小组组长，相关部委的负责同志任成员；2019 年将普查工作纳入中央政治局常委会工作要点。《普查方案》是本届政府以来，所有普查工作中首次由国务院办公厅印发的普查方案。

普查领导小组办公室设在生态环境部，负责统一领导全国污染源普查工作的组织实施。李干杰部长亲自部署，两次出席推进普查工作的视频会议并讲话，强调千方百计提高入户调查质量，做好全过程控制；赵英民副部长狠抓落实，带队赴湖北省调研普查工作，在普查指导工作会上要求强化数据审核责任；翟青副部长赴浙江省温州调研，出席视频会议并讲话，强调要确保普查工作取得扎实成效；刘华副部长、庄国泰副部长及其他部领导主持相关工作座谈会，对普查工作给予大力支持。

地方各级党政领导也高度重视普查工作，国务院印发通知后，各地立即研究部署，成立普查领导小组及其办公室，把普查工作列入政府重要议事日程，强化政府责任。各级政府分管领导在普查关键时期多次听取普查工作汇报，召开会议，帮助解决重点难点问题。例如：安徽省将普查工作纳入 2018 年、2019 年省委、省政府重点工作任务，副省长何树山出席全省普查工作动员电视电话会和工作推进电视电话会并做了重要讲话。北京市普查工作多次得到陈吉宁市长，张工、杨斌等主管领导的指示批示，并将污染源普查列入北京市蓝天保卫战 2018 年行动计划、2018 年北京市环境保护督察工作要点、市委生态文明委 2019 年工作要点、市政府环保督查 2019 年工作要点。新疆、陕西、江苏、浙江、云南等省份生态环境厅（主管）领导亲自调度普查工作，在普查各个阶段主持召开工作会议，部署推进工作，定期听取普查工作进展情况汇报，督促工作落实。

地方各级生态环境和农业农村部门负责同志亲自安排和部署普查工作，结合本地实际，制定本级普查实施方案，定期组织普查专题会议，全面了解普查工作情况和有关问题，调度和督办工作进展，帮助解决普查有关困难和问题，指导下一步工作方向；部分负责同志深入普查一线，现场调研指导，及时解决实际问题。

各级各部门领导高度重视，确保了普查工作在机构成立、人员抽调、方案落实、部门协调、资金保障、宣传动员等各方面得到有力支持，保证了普查工作的进度和质量。

4.2 部门联动是推动普查任务全面完成的重要保障

全国污染源普查是一项复杂的系统工程，涉及面广，不仅需要各部门密切配合，才能圆满完成任务，还需要地方共同参与，才能顺利推进。各地区、各部门均按照“全国统一领导、部门分工协作、地方分级负责、各方共同参与”的原则，群策群力，通力协作，积极主动做好普查组织实施工作。

国家层面：生态环境部会同普查领导小组成员单位积极推进普查工作，建立普查领导小组办公室工作制度，明确工作责任，完善共商机制，审议普查方案和普查制度，提出意见与建议。各部门积极配合、大力支持，主动提供相关资料和数据信息。其中，国家统计局提供全国基本单位名录库，共享相关领域普查信息和成果，帮助建立和完善调查制度；农业农村部全面部署开展农业污染源普查；国家税务总局和国家市场监管总局分别提供调查单位名录；水利部提供水利普查成果及入河排污口有关信息；自然资源部提供地理国情普查相关成果；中央军委后勤保障部研究部署全军和武警部队开展污染源普查工作，形成了部门联动、齐抓共管的良好局面。

地方层面：地方各级人民政府和有关部门参照国家层面的分工合作模式，在印发的实施方案中明确规定了有关部门的任务分工。由生态环境部门担任普查工作主力军，牵头负责普查日常工作的组织实施和综合协调，农业、畜牧、住建、水利、交通等有关部门严格按照本地实施方案的分工，支持配合开展有关工作。大多数省份由农业和畜牧部门负责提供第三次全国农业普查有关数据，具体组织开展农业源普查有关工作；住建部门负责集中式污染治理设施普查有关工作；水利部门负责入河（海）排污口普查和监测有关工作；交通部门负责移动源普查有关工作。

从国家到地方，各级人民政府和有关部门分工明确、协调联动、同心协作，普查工作涉及的有关方面都得到了充分理解和大力支持，有效提高了普查工作效率，为按时按质完成普查任务提供了重要保障。

4.3　普查对象全面覆盖是保证普查结果真实性的坚实基础

本次污染源普查对象覆盖范围更全面、信息更精准。一是工业源覆盖了《国民经济行业分类》中全部 41 个工业大类行业，调查范围更全；生活源由城镇扩展到农村；集中式污染治理设施新增农村污水处理设施和简易垃圾处理厂；移动源新增非道路污染源。二是充分利用已有数据，组织开展基本单位名录比对，确保普查数据真实、准确、全面。三是采集空间信息，实现对普查对象的精准定位。通过对普查对象范围明确界定、对空间信息精准定位，为普查结果的真实性奠定了坚实基础。

4.4　信息化手段全程应用是提高普查工作效率的重要支撑

普查工作过程中，各级普查机构广泛应用信息化手段提高普查效率。通过采用移动采集终端来提高采集效率，实时采集点位坐标信息和相关照片信息；通过普查数据采集和管理系统两级部署五级应用，减轻基层信息化建设经费负担，提高数据采集和处理效率。清查阶段，运用“天眼查”网站、行业代码查询工具、空间信息采集工具等完成普查对象基本信息录入、校对和修改；入户调查阶段，使用手持终端小助手工具和信息采集工具，选择普查对象产品、原辅料、工艺及主要污染物等指标，提高入户调查数据采集的准确性；汇总审核阶段，编辑开发了基于 Access 软件的审核工具，完成行业间、区域间、同行业同区域企业间的数据比对，快速排查异常值。在普查业务培训和指导过程中，通过录制培训课件及操作视频、在线答疑交流等形式强化培训和指导效果。

4.5 强化质量管理是普查工作协同推进的有力手段

各级普查机构高度重视普查质量管理工作，专门成立督办组，从组织层面上为保障普查工作质量提供了组织保障。整个工作过程中，各级普查机构坚持把调度和督办作为提高执行力、抓工作落实的重要手段，坚持全过程持续调度、关键环节重点督办。随着工作节奏的加快和工作的加密，调度周期也逐渐缩短。同时，各级普查机构加大调研督导工作力度，及时发现问题，传递压力，有效推进有关问题迅速解决。

各级普查机构开展了多层次、多维度的调度督办工作。一是通过“入户调查完成率”“入专网率”“审核通过率”“核算完成率”“自审整改完成率”等调度结果，推进各阶段各级普查工作进度，发现存在的问题并采取有效措施。二是针对普查过程中存在的阶段性问题，及时向有关省份开展督办和通报。前期工作准备阶段，部普查办向工作进展缓慢的 5 个省份印发了督办函；清查建库阶段，向清查工作质量较差的 2 个省份印发了督办函；数据审核阶段，对数据质量较差的部分省份开展了现场督办工作；数据汇总阶段，向整改工作不力的 6 个地市印发了督办函。三是针对普查工作中普遍存在的共性关键问题进行预警、通报和督办，如在入户调查进展和数据提交入网进展缓慢问题上，向 11 个省份印发了预警通知，向 5 个省份印发了督办通知；对全国 31 个省（区、市）和新疆生产建设兵团 G106 表填报率普遍偏低问题进行全口径通报。通过实时调度和多层次的督办，向工作进展较慢、质量较差的省份传导压力，确保了普查工作进度和质量。

4.6 加强党建工作、发挥基层党组织的战斗堡垒作用是顺利完成普查任务的组织保障

各级普查机构坚持将党的政治建设摆在普查工作首要位置，牢记初心使命，以习近平新时代中国特色社会主义思想为指导，深入学习习近平总书记关于生态环境保护工作的重要讲话和重要指示精神，落实党中央、国务院决策部署，高起点、高标准、高质量做好普查工作。生态环境部党组高度重视在普查工作中加强党的建设，部领导多次做出重要指示和批示；地方生态环境部门健全普查机构中的党组织，推动普查工作与党建工作深度融合。各级普查机构以习近平生态文明思想为引领，自觉提高政治站位，树牢“四个意识”，坚定“四个自信”，做到“两个维护”，从服务国家战略决策、打好污染防治攻坚战、推进生态文明建设、建设“美丽中国”的高度，认识开展第二次全国污染源普查的重大意义，把全面落实从严治党要求、严格执行中央八项规定精神贯穿普查工作全过程，发挥了党支部战斗堡垒作用和党员先锋模范作用，做到了普查工作开展到哪里，党组织建设就跟进到哪里，进一步锤炼了思想和作风，不断强化做好普查工作的使命感、荣誉感、责任感，提高了素质本领，打造了一支生态环境保护铁军，为圆满完成普查任务提供了坚强组织保证。

在清查建库、入户调查、数据上报、数据分析比对、排放量核算、数据汇总审核等普查关键阶段，

国家、省、市、县四级普查机构严格工作责任制，改进工作作风，力戒形式主义、官僚主义。各级普查工作人员秉承家国情怀、民族情怀、为民情怀和事业情怀，实施“白加黑”“五加二”工作机制，以实际行动践行生态环境保护铁军“政治强、本领高、作风硬、敢担当，特别能吃苦、特别能战斗、特别能奉献”精神，涌现出一大批普查工作先进人物和先进事迹。其中，湖南省衡阳市生态环境局祁东分局污染源普查办主任、环境监察大队副大队长周青苔因公牺牲在工作岗位上。周青苔同志的感人事迹激励了全国普查工作人员夜以继日、夙夜在公，迎难而上、克难攻坚，全面提升数据质量，强化成果分析凝结。一些省、区、市克服了恶劣自然条件、人手不足、经费短缺等困难，保证了普查机构和普查技术人员的稳定，圆满完成普查任务。

5

支撑决策

严格按照《普查方案》规定的对象、范围和内容，第二次全国污染源普查采用科学的调查方法和技术路线，对全国350多万个污染源进行调查和排放量核算，获得了大量翔实的普查数据，取得了丰硕的成果。这些成果来之不易，凝聚着50多万参与人员的智慧和心血，是全社会共同的宝贵财富，要切实把普查成果开发好、转化好、应用好，才能发挥普查成果的重要价值。

（1）系统分析普查数据，综合判断当前环境形势

"治污要治本、治本先清源"，要全面做好污染防治工作，必须先摸清污染源底数。这次污染源普查，对全国污染源的数量、行业和地区分布情况进行了系统调查，对主要污染物的产生、排放和处理情况全面摸底，有利于准确把握我国面临的环境形势。应该最大限度地发挥普查数据价值，对普查数据进行认真梳理、全面分析、认真研究。从经济社会全面协调可持续发展的战略高度，从如何支撑打好打赢污染防治攻坚战的角度，从如何衔接健全环境统计平台的角度，深入挖掘普查数据反映的问题和规律，系统分析各类产业（行业）对环境状况的影响，综合评估环境承载力与环境质量响应关系，全面掌握当前环境污染状况、污染物排放特征及其治理现状，为污染源的科学监管奠定基础，为污染物治理和产业结构调整提供科学依据，为打好打赢污染防治攻坚战做好数据支撑。

（2）紧密围绕普查成果反映的突出问题，集中力量加以解决

全国范围的污染源普查能够更加清晰地凸显当前我国生态环境保护工作存在的突出问题。应该制定一批针对性的规章制度，采取一系列行之有效的方法措施，着力解决突出环境问题，以促进经济社会可持续发展，不断提高人民生活水平和质量。同时，要深入研究普查成果，系统梳理环境风险信息，开展风险防控研究，为防范环境风险提供决策依据，努力推动生态环境质量逐年改善，不断满足人民日益增长的优美生态环境需要。

（3）准确应用普查成果反映的客观规律，科学谋划"十四五"生态环境保护工作

2020年是谋划"十四五"生态环境保护工作思路的关键之年，本次污染源普查获取的是2017年的普查数据，不能直接反映最新的环境形势。应该根据最新情况对普查成果进行更新完善，系统分析最新普查成果反映的客观规律，准确把握我国环境状况的新变化和新趋势，进一步提出针对性的政策建议，科学谋划好"十四五"生态环境保护规划。紧密围绕"美丽中国"建设，坚持以改善生态环境质量为核心，统筹处理好经济社会发展与生态环境保护的关系，探寻新思路，谋划新举措，开创生态环境保护工作新局面，推动生态文明建设取得新进展。

6

下一步工作计划

为指导有关单位和人员有效进行普查成果开发利用，保持普查成果生命力，更好地为生态环境管理和决策服务，现提出如下工作计划。

（1）定期更新排放量核算体系及配套系数

深入开展产排污系数研究工作，要依托有关单位长期开展此项工作。按照国民经济分类，建立健全各污染源、各行业产排污系数，细化产排污系数制定方法，并随着技术进步不断进行更新，确保污染物排放量测算全面、科学、准确、可行。

（2）努力实现普查数据动态管理

在当前经济形势发展迅速且复杂多变的情况下，污染源信息，特别是中小型工业源和生活源信息变动频繁，为确保普查数据可持续利用，数据管理应是一个不断更新的动态过程。应该在《全国污染源普查条例》中规定的普查周期里，结合环境统计制度改革，不定期开展针对重点行业或区域的专项调查及经常性抽样调查，实时掌握最新的污染源信息。

（3）抓紧开展普查数据开发利用

深入研究运用普查成果，结合三大攻坚战，围绕七大标志性战役开展深入研究，为完成三大攻坚战提供决策支撑。系统梳理环境风险信息，开展风险防控研究，为防范环境风险提供决策依据。深入研究运用普查成果反映出的客观规律，谋划好“十四五”生态环境保护工作。进一步完善、强化生态环境保护政策和措施。在总结普查工作经验、面向生态环境需求的基础上，深化环境统计制度改革，使用新的产排污系数，建立“十四五”环境统计平台。

后　记

《第二次全国污染源普查成果系列丛书》（以下简称《丛书》）是污染源普查工作成果的具体体现。这一成果是在国务院第二次全国污染源普查领导小组统一领导和部署、地方各级人民政府全力支持下，全国生态环境、农业农村、统计及有关部门普查工作人员和几十万普查员、普查指导员，历经三年多时间，不懈努力、辛勤劳动获得的。及时整理相关材料、全面总结实践经验、编辑出版这些成果资料，使政府有关部门、广大人民群众、科研人员及社会各界了解污染源普查情况、开发利用普查成果，是十分必要且非常有意义的一件大事。

在《丛书》编纂指导委员会指导下，《丛书》主要由第二次全国污染源普查工作办公室的同志编纂完成，技术支持单位研究人员和地方普查工作人员参与了部分内容的编写。在编纂过程中，得到了生态环境部领导、相关司局的关心和支持。中国环境出版集团许多同志不辞辛苦，作了大量编辑工作。中图地理信息有限公司参与了《第二次全国污染源普查图集》的制作。在此一并表示由衷的感谢！

从第二次全国污染源普查启动至《丛书》出版，历时 4 年多时间，相关数据、资料整理过程中会有不尽如人意之处，希望读者谅解指正。

主编 

2021 年 6 月